国家林业和草原局普通高等教育“十四五”重点规划教材
高等院校园林与风景园林专业美术系列教材

园林钢笔画（第4版）

（附数字资源）

宫晓滨　高文漪　主编

中国林業出版社
CFPH China Forestry Publishing House

内容简介

本教材是在《园林钢笔画》（第 3 版）的基础上进行修订的。主要包括绪论、园林物象单体的认识与绘画、园林风景钢笔画的改绘与写生、学生作品讲评、教师作品选等内容。本次修改集中在第 2 ~ 6 章。第 2 章增添部分西式建筑和现代建筑技法讲解和图例，删减以往教材版本中过多的民居建筑部分图例，同时将园林植物的分类技法讲解得更加细化，增添水生植物和多种植物组合技法讲解和图例；第 3 章删减风格相似的居民建筑图例；第 4 章和第 5 章替换和增加了有关院校的最新优秀师生作品；第 6 章补充了教师优秀钢笔淡彩作品以供学生参考借鉴。这样使得第 4 版教材能更好地体现最新的专业发展需求和教学成果。

本教材适合高等院校园林、风景园林、环境设计、城乡规划等专业使用，也可作为相关领域研究生和科研人员的参考书。

图书在版编目（CIP）数据

园林钢笔画 / 宫晓滨, 高文漪主编. -- 4 版. 北京 : 中国林业出版社, 2024. 8. -- (国家林业和草原局普通高等教育“十四五”重点规划教材) (高等院校园林与风景园林专业美术系列教材). -- ISBN 978-7-5219-2769-6

Ⅰ. J214.2

中国国家版本馆CIP数据核字第20243YS934号

策划编辑：康红梅

责任编辑：康红梅

责任校对：苏　梅

封面设计：北京时代澄宇科技有限公司

出版发行：中国林业出版社

（100009，北京市西城区刘海胡同7号，电话01083223120，83143551）

电子邮箱：cfphzbs@163.com

网　　址：https://www.cfph.net

经　　销：新华书店

印　　刷：北京中科印刷有限公司

版　　次：2007年1月第1版（共印6次）

2015年1月第2版（共印4次）

2020年8月第3版（共印2次）

2024年8月第4版

印　　次：2024年8月第1次印刷

开　　本：230mm×300mm　1/8

印　　张：26.75　　彩插：22

字　　数：419千字　另数字资源约252千字

定　　价：68.00元

数字资源

国家林业和草原局院校教材建设专家委员会高教分会
园林与风景园林组

高等院校园林与风景园林专业美术系列教材
编审委员会

《园林钢笔画》（第 4 版）编写人员

主　　编　宫晓滨　高文漪

副 主 编　徐桂香　姜　喆

编写人员　（以姓氏拼音为序）

陈　叶（南京农业大学）　高　超（北京林业大学）
高　飞（东北林业大学）　高文漪（北京林业大学）
宫晓滨（北京林业大学）　郭润华（青岛农业大学）
韩雨对（北京林业大学）　黄培杰（江南大学）
姜　喆（北京林业大学）　刘　宁（青岛农业大学）
刘文海（中南林业科技大学）　孟　滨（河南农业大学）
庞　梅（三江学院）　秦仁强（华中农业大学）
宋　磊（青岛农业大学）　王立君（河北农业大学）
徐桂香（北京林业大学）　许　平（仲恺农业工程学院）
闫冬佳（山西农业大学）　杨芷轩（南京视觉艺术职业学院）
殷　亮（北京林业大学）　张　纵（南京农业大学）
张乃沃（中南林业科技大学）　赵　家（北京林业大学）
郑　潇（三江学院）　周　欣（华中农业大学）
邹昌锋（江西农业大学）　左　红（华中农业大学）

《园林钢笔画》（第3版）编写人员

主　　编　宫晓滨　高文漪

副 主 编　姜　喆

编写人员　（以姓氏拼音为序）

陈　叶（南京农业大学）
高　飞（东北林业大学）
高文漪（北京林业大学）
宫晓滨（北京林业大学）
郭润华（青岛农业大学）
黄培杰（江南大学）
姜　喆（北京林业大学）
刘　宁（青岛农业大学）
刘文海（中南林业科技大学）
孟　滨（河南农业大学）
庞　梅（三江学院）
秦仁强（华中农业大学）
宋　磊（青岛农业大学）
王立君（河北农业大学）
徐桂香（北京林业大学）
许　平（仲恺农业工程学院）
闫冬佳（山西农业大学）
杨芷轩（南京视觉艺术职业学院）
殷　亮（北京林业大学）
张　纵（南京农业大学）
张乃沃（中南林业科技大学）
赵　家（北京林业大学）
郑　潇（三江学院）
周　欣（华中农业大学）
邹昌锋（江西农业大学）
左　红（华中农业大学）

《园林钢笔画》（第 2 版）编写人员

主　　编　宫晓滨　高文漪

副 主 编　姜　喆

编写人员　（以姓氏拼音为序）

陈　杰（中南林业科技大学）　　陈　叶（南京农业大学）
高　飞（东北林业大学）　　高文漪（北京林业大学）
宫晓滨（北京林业大学）　　郭大耀（山西农业大学）
黄培杰（江南大学）　　姜　喆（北京林业大学）
孟　滨（河南农业大学）　　秦仁强（华中农业大学）
宋　磊（青岛农业大学）　　王立君（河北农业大学）
邢延龄（浙江农林大学）　　徐桂香（北京林业大学）
许　平（仲恺农业工程学院）　　尹建强（湖南农业大学）
张　纵（南京农业大学）　　张玉军（北京林业大学）
钟　华（南京林业大学）　　左　红（华中农业大学）

《园林钢笔画》（第 1 版）编写人员

主　　编　宫晓滨　高文漪

编写人员　（以姓氏拼音为序）

陈　杰（中南林业科技大学）　　陈　叶（南京农业大学）
高　飞（东北林业大学）　　郭大耀（山西农业大学）
黄培杰（江南大学）　　姜　喆（北京林业大学）
刘毅娟（北京林业大学）　　孟　滨（河南农业大学）
秦仁强（华中农业大学）　　宋　磊（莱阳农学院）
王立君（河北农业大学）　　邢延龄（浙江林学院）
徐桂香（北京林业大学）　　许　平（仲恺农业技术学院）
尹建强（湖南农业大学）　　张玉军（北京林业大学）
张　纵（南京农业大学）　　钟　华（南京林业大学）
左　红（华中农业大学）

第4版前言

风景园林教育家孙筱祥教授曾言："出色的专业造园师应同时是一位诗人、画家、园艺学家、生态学家和出色的建筑师，这五个方面是一位合格园林设计师的基本功。"风景园林教育家、中国工程院院士孟兆祯教授认为青年设计师应具备"文才""画才""口才"三才。两位风景园林大师明确表达了"绘画""审美"在设计中至关重要的作用。

钢笔画具有工具便捷、艺术表现繁简得宜、艺术效果生动流畅的特点，是设计师与设计专业师生喜爱的画种。在园林、风景园林、城乡规划专业教学体系中，钢笔风景画课程衔接基础美术与专业设计课程教学，在提升学生审美素养、绘画能力、创新能力方面发挥着重要作用。通过此课程的针对性训练，逐步培养学生运用线条组织画面空间，将建筑与植物、山石、水体等元素组成生动、优美的钢笔风景画，不仅为后续专业设计表现提供了最为贴切的艺术语言，同时能够深化对中国传统艺术精神与园林文化的认识与理解。

《园林钢笔画》教材以其结构体系严谨、理论知识扎实、范作种类丰富、绘画作品优秀，深受师生喜爱，在园林、风景园林、城乡规划专业的美术教学中发挥着重要的作用。第 2 章增添部分西式建筑和现代建筑技法讲解和图例，删减以往教材版本中过多的民居建筑部分图例，同时将园林植物的分类技法讲解得更加细化，增添水生植物和多种植物组合技法讲解和图例；第 3 章删减风格相似的居民建筑图例；第 4 章和第 5 章替换和增加了有关院校的最新优秀师生作品；第 6 章补充了教师优秀钢笔淡彩作品以供学生参考借鉴。这样使得第 4 版教材能更好地体现最新的专业发展需求和教学成果。《园林钢笔画》教材是全国各相关院校风景园林、园林专业美术老师共同努力的成果与结晶，展现了宝贵的美术创作经验、教学经验与方法。

《园林钢笔画》（第 4 版）出版在即，在此向一直支持本教材编写的老师们、朋友们、出版社的同志们致以诚挚的谢意！《园林钢笔画》将持续不懈地帮助学生提升艺术修养，引领学生步入审美殿堂。

编　者

2024 年 4 月

第3版前言

本本教材第 3 版主要依据北京林业大学园林学院教学大纲，同时综合全国各主要农林院校“园林钢笔画”课程的教学成果编写而成。

本教材的第 1 版和第 2 版经过了多年的使用，已获得全国有关院校师生的广泛好评。第 3 版在保留原版本的主体结构基础上，根据近几年园林、风景园林、城乡规划专业发展的需要，结合教学实践进行了进一步修订。本次修改主要集中在第 1 章、第 2 章、第 4 章和第 5 章。第 1 章恢复了第 1 版理论及图例内容；第 2 章增添部分西式建筑和现代建筑表现技法讲解和图例，同时将园林植物的分类技法讲解更加细化，增添水生植物和多种植物组合技法讲解和图例；第 3 章增添了花卉写生的步骤讲解及图例；第 4 章和第 5 章增加并替换了有关院校的最新优秀师生作品，这样使得第 3 版教材能更好地体现最新的专业发展需求和教学成果。

《园林钢笔画》（第 3 版）由宫晓滨、高文漪主编，姜喆任副主编，多校联合编写。在此，对参与编写教材的教师和院校表示衷心的感谢，对中国林业出版社的组织出版工作也表示衷心的感谢。

编 者

2020 年 1 月

第2版前言

2007 年编写的《园林钢笔画》教材主要是依据北京林业大学园林学院钢笔风景画教学大纲，同时综合全国各主要农林院校“园林钢笔画”课程的教学成果编写而成。

当年编写的工作量较大，时间仓促，难免有不尽如人意之处，例如，基础理论和技法部分范图繁缛庞杂，同类范图重复较严重；学生作品由于水平有限，一些不尽如人意的作品被选编进教材；范图太小，不利于学生课下的自学临摹。第 2 版的编写工作，主要依据各授课教师对教材提出的修改意见，同时听取学生的反馈意见，在基本保持第 1 版教材主体结构和文字内容的基础上，着力解决上述问题。教材第一部分是钢笔风景画基础理论和技法，这部分在保持主体结构和理论内容的基础上，精简繁缛的文字内容，删除重复的同类范图，使理论和技法范例结合得更为紧密。第二部分是各院校的优秀学生作品，这几年积累的优秀学生作品质量明显提高，已远远超越当年的水平，完全可以作为范图进行临摹参考，第 2 版依然根据教学内容主要分为照片改绘、写生、创作三部分进行阐述。第三部分是教师作品，这部分内容更新了近几年的教师新作品，删减原有不适合教学发展新情况的范图，表现手法更为多样，更符合园林类专业的需求。第 2 版对第 1 版的图片进行放大调整，尽量以清晰饱满的图片质量满足教学的需要。

《园林钢笔画》（第 2 版）由宫晓滨、高文漪主编，姜喆任副主编；其他编写人员包括：陈杰、陈叶、高飞、郭大耀、黄培杰、孟滨、秦仁强、宋磊、王立君、邢延龄、徐桂香、许平、尹建强、张纵、张玉军、钟华、左红。同时，中国林业出版社对本教材的组织和出版做了大量工作，对上述院校老师和出版社的辛勤工作表示衷心的感谢！

编 者

2014 年 10 月

第1版前言

本教材是在综合全国各主要农林院校园林钢笔画教学大纲的基础上，根据北京林业大学园林学院钢笔画教学大纲编写而成的，兼容助教与助学两个方面。全书包括三大部分：园林风景钢笔画基础理论和技法、园林专业美术教师范画作品、历届学生作品选。

本教材中钢笔画的内容与题材，是根据各校园林学院（系）所设风景园林、园林、城市规划以及景观设计等各个专业的特点与要求选择的，考虑到各个专业的共性与个性，大致包括了以下五个部分：园林风景、自然风景、现代景观、树木花卉和其他人文、建筑景观与小品，其中以园林、自然以及建筑的综合景观为重点。

本教材钢笔画的形式与风格，根据园林设计与钢笔画教学的需要，抓住了以下两个基本问题：一是根据钢笔绘画艺术的自身规律，强调艺术性和绘画风格的多样化；二是根据园林艺术设计的科学要求，注重此种绘画的表现力与说明性。其中以艺术性要求为主，在教学的后期阶段，尊重并引导学生钢笔绘画的自身风格和艺术思维的创造力与表现力。

本教材第一大部分为钢笔风景画基础理论和技法，根据园林风景的绘画特点，较完整地分析了写生技法的基本问题，具有较强的针对性且较为全面与系统。第二大部分为各校学生钢笔风景画作品选，作品以写生为主兼有部分创作作品和照片改绘作品，并附有教师对作品的简短讲评，具较强的教学指导性。这些学生作品，具有较强的园林设计的专业特点，也具有较强的个人风格和一定的绘画水平与艺术表现力，是学习钢笔画课程较好的范本，具有较强的实际意义。第三部分是教师范画作品，内容以园林风景、自然风景和民居景观为主，是教师们多年钢笔画教学的积累，大部分为写生，有很多是授课中的示范作品。这些作品在绘画技法上包括了三种基本形式，即钢笔线条、明暗调子以及线条与调子的结合。范画线条流畅，轻松自然，画面精致，物象准确生动，概括力强且较为深入，并对每幅作品的绘画要点作了简要的说明，是很好的钢笔画教学范本。

范画所用钢笔包括：针管笔、弯尖钢笔、蘸水钢笔和书写钢笔。

本教材由北京林业大学宫晓滨、高文漪主编。第 1 章、第 2 章、第 3 章的外国建筑、石品组合、石品与植物的结合、池水及第 4 章园林风景照片改绘、民居风景照片改绘、钢笔风景写生绘画、民居风景写生的构图取景与步骤由高文漪执笔并提供范图，其余部分由宫晓滨撰写。全书由宫晓滨统稿。

此外，参加本教材编写和范画绘制工作的教师还有：

北京林业大学姜喆、徐桂香；东北林业大学高飞；南京农业大学陈叶、张纵；华中农业大学秦仁强、左红、周欣；莱阳农学院宋磊、郭润华、刘宁；河北农业大学王立君；仲恺农业技术学院许平；江南大学黄培杰；河南农业大学孟滨；中南林业科技大学刘文海、张乃沃、肖小英；海南大学吴兴亮。

同时，中国林业出版社对本教材的组织与出版，做了大量辛勤的工作。

对上述院校老师和出版社辛勤与高质量的工作，我们在此表示衷心的感谢！

编　者

2006 年 6 月

目 录

第1章
绪 论

1.1 钢笔画的艺术概念

1.1.1 钢笔画艺术的历史

钢笔画源于欧洲，现代钢笔画的历史可以追溯到一千年前的中世纪。史学家称欧洲的中世纪为黑暗的一千年，欧洲的艺术也较之于希腊罗马辉煌时期倒退了一千年。但必须肯定的是，欧洲的中世纪也正是其各民族语言文字形成时期，故不可否认其拥有的历史价值和进步意义。欧洲艺术在这一千年中内容形式是围绕宗教进行的，在此期间传播于欧洲各地的《圣经》和《福音书》手抄本插图可以认为是钢笔画的雏形。

黑暗的尽头必将是曙光跃出地平线的瞬间，12世纪文艺复兴在欧洲的兴起为人类文明带来了光明。

欧洲文艺复兴时期，人们所知的画家几乎无一例外饱含热情地绘制他们的创作稿和素材稿，而他们所使用的工具恰恰是鹅羽制成的蘸水笔，这就是钢笔画在欧洲艺术第二个辉煌时期近乎完美的展现。其中不乏大家熟知的文艺复兴三杰——达·芬奇、拉斐尔与米开朗基罗。人们对大师们的宏篇巨作再熟悉不过，如达·芬奇的《岩间圣母》《最后的晚餐》，拉斐尔的《西斯庭圣母》，米开朗基罗的《创世纪》，这些传世名作的创作手稿是那样生动、那样传神，又似曾相识（图1-1至图1-5）。

文艺复兴之所以能够在文学、艺术各个领域全面战胜中世纪的宗教文化，并形成欧洲文学艺术史上一个辉煌灿烂时期，其主要原因是：它肯定了“人”是生活的创造者和主人，以文学、艺术表现人的思想和感情，并开始使艺术面向生活，从现实生活中汲取营养，克服宗教艺术回避生活、脱离生活的缺陷，从而使文学艺术发生了划时代的变革。从这些写生中不难看出，尽管大师们依然表现宗教题材，但画中的圣母、圣婴不再是神人，而是有血有肉、生活在大家身边的“人”。

从这个角度来看文艺复兴这些宏篇巨作，恰好印证了“速写”这一写生绘画形式存在的重大历史意义和艺术价值。文艺复兴盛期，荷兰画家伦勃朗和德国画家丢勒也均在钢笔画方面有着超凡表现。用蘸水笔画的素描无论是人物还是风景都极为概括、生动。流畅的线条，帅气而不失准确的画面以小见大，方寸中得见大师高超的艺术水平和表现手法（图1-6、图1-7）。

作为德国文艺复兴大师的丢勒，钢笔画与其铜版画均完美地展现了德国画家的严谨、精深入微的风格。德国铜版画在整个欧洲绘画大家庭中占据独特位置。丢勒画中刀刻般的线条刚劲有力，是后代画家学习的范本。在宗教与严谨而又善于思辩的传统精神影响下，其画面主题往往蕴含着深刻的哲理，使丰富的艺术想象力与严谨的画风得到完美的结合（图1-8）。

人们熟知的欧洲文艺复兴大师，均有其生动感人并具有很高艺术价值的速写、线描作品，这些作品是他们传世巨作的坚实基础。

图1-1 《岩间圣母》天使头像习作（达·芬奇）

图1-2 《圣母头像习作》（达·芬奇）

图1-3 《拉琴的阿波罗》（拉斐尔）

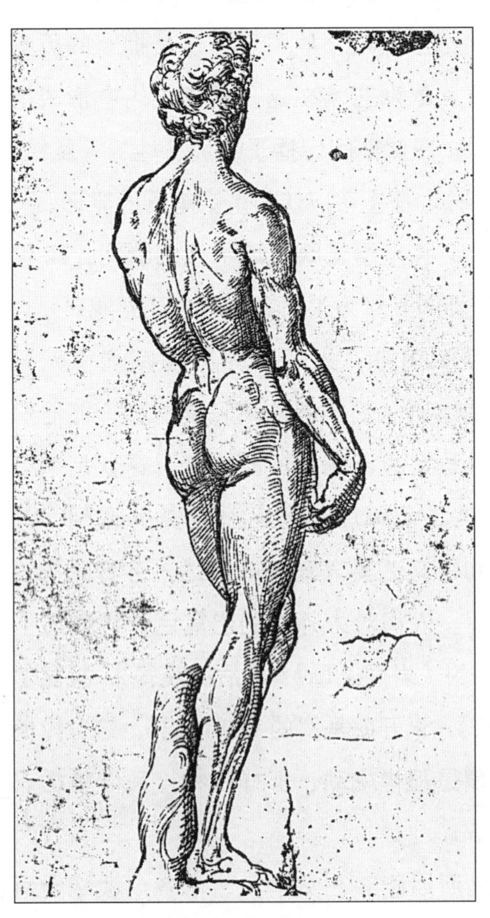

图1-4 《背着的男裸》（拉斐尔）

图1–5　《格斗》（拉斐尔）

图1–6　《速写》（1）（伦勃朗）

图1–7　《速写》（2）（伦勃朗）

图1–8　《老人习作》（丢勒）

凡·高、马蒂斯、毕加索这些现代艺术大师，都用钢笔进行了大量的艺术创作。钢笔画的表现力有了很大的扩展。钢笔技法不断完善，钢笔工具不断科学化，使钢笔画成为一门有独特审美价值的绘画门类（图1-9至图1-12）。

20世纪初，随着现代工业化大生产及与其相适应的造型设计学科的蓬勃兴起，更多的画家、设计师投入钢笔画艺术领域，无论是抽象的革新派画家，还是写实派画家，或是为商业目的的现代设计表现服务的设计师，都留下了数量可观的钢笔画佳作。

中国绘画数千年来就是以线条为主的水墨风格。应该说中国人对线的理解、线的表现具有独特的深度和高度。中国毛笔所蕴含的丰富情感是无以伦比的。随着钢笔画引入中国，西洋的明暗笔法与中国传统勾勒画法相互交融，无疑大大丰富了钢笔画的表现技法和内涵，出现很多富有中国民族风格的钢笔画作品（图1-13、图1-14）。

1.1.2 钢笔画的艺术特点

由于钢笔画使用硬质笔尖蘸取墨水作画，必然带来钢笔画与其他画种不同的审美特点。在忽略了色调、光线等体面造型元素后，线条成为最活跃的表现因素，用线条界定物体的内外轮廓、姿态、体积、运动是最简洁直观的表现形式。钢笔线条具有良好的兼容性，无论以单线勾勒，还是以线带面或者线与面结合均可取得良好效果，线条是钢笔画艺术的灵魂。

图1-9 《线描肖像》（毕加索）

图1-10 《查尔斯·巴德姆太太》（安格尔）

图1-11　《托尔斯泰》（列宾）

图1-12　《戴贝雷帽的姑娘》（柯罗）

图1-13　《具区林屋图》（元·王蒙）

图1-14　《庐山高图》（明·沈周）

钢笔画无法像铅笔、炭笔和水墨那样依靠自身材料的特点画出浓淡相宜的色调。钢笔留在纸面上的画痕是深浅一致的。因而钢笔画在色阶的使用上也是有限的，它缺乏丰富的灰色调，这是钢笔画作品的局限性，然而正是这种局限性形成了钢笔画自身的特点和黑白形式美的特征，计白当黑、计黑当白这种典型黑白转换方式，使画面简洁明了，显现黑白互补的形式美感。

钢笔画工具简单，有独特优美的表现形式，它以寥寥数笔表现事物的动态和情景，因此，它常常以速写的形式出现，成为画家或设计师深入生活、捕捉精彩瞬间的有效手法。

1.2 钢笔风景画在园林设计中的地位与作用

园林设计、建筑设计、城乡规划专业的学生或从业者，均须具备较好的绘画基础和相当的美学修养，否则很难成为一名合格的设计师。

无论是前文提到的欧洲艺术几百年来的发展，还是中国上下数千年的文化长河，特别是中国哲学思想在中国艺术与中国园林中得到完美诠释诸方面，均有力地证明了这一点。

1.2.1 绘画基础与钢笔画

在有限的教学时数中，要想较好地掌握绘画基本知识和技法，的确不是件容易的事，而钢笔画特别是钢笔风景画的学习至关重要。

在学习素描水彩水粉基础课程后，钢笔画课程的学习可以使学生对绘画基础知识的掌握有一个大幅度的提升，有利于更加全面、深入地理解所学知识，并在此基础上向设计方向迈进。

通过钢笔速写的学习过程，能够更好地锻炼手、眼协调能力，锻炼、学习观察事物的敏锐度，以及在短时间内抓住物象特征并准确给予表达的能力。

在这期间，绘画基本功起着至关重要的作用，在构图、透视、比例、结构等要素中，构图和透视又显得尤为重要。

构图 在钢笔风景画中更多地体现为取景，钢笔工具的特点决定了落笔即不可涂改。因此，在落笔之前画者必须做到“心中有画”，即不可盲目下笔，应先打好腹稿，不熟练时可画小构图。

透视 钢笔工具的特点使得透视知识的掌握与运用难度加大，这对于这些专业的学生在表现建筑，特别是表现中国古典园林建筑越发显得重要并具一定难度。本教材将用较多篇幅介绍这些知识。

1.2.2 钢笔画与设计

徒手绘图在当今设计行业中无处不在。欧洲及中国港澳地区更是推崇手绘设计图，而设计图最基本的内容就是钢笔线条，当然后来发展的马克笔或彩铅、淡彩也可与之共同完成一幅设计效果图。而结构准确、风格突出、场景传神的效果图取决于是否练就一手漂亮的钢笔线条，这也是效果图的骨架和根本。

目前，在园林、风景园林、城乡规划等设计艺术上，采用钢笔画、钢笔淡彩作为创作表现手法越来越普遍。无论室内、室外、环境、自然景观设计等，还是平面、立面、鸟瞰、效果等各种设计表现绘画，钢笔画这一独特技法，均越来越显示出独特的艺术感染力。绘画基本功的优劣直接关系着能否成为一名出色的设计师。完美的设计构思，若没有手头良好的绘画功夫也是无法表达出来的，钢笔画训练正是培养优秀设计人员必不可少又行之有效的训练方法。

1.2.3 修养与设计

作为一名中国园林设计师，需要对中、西绘画艺术和绘画中“线”的运用有更深更广的了解，将为其艺术修养、鉴赏能力提供源源不断的思想及人文底蕴，使其艺术设计越发丰满和厚重。

中国山水画与园林艺术的盛行，都源于对回归山林和净化性灵的渴望，是“天人合一”的人生观与自然观的具体落实与物化。大自然是人类赖以生存发展的基本条件。尊重自然、顺应自然、保护自然，是全面建设社会主义现代化国家的内在要求。必须牢固树立和践行绿水青山就是金山银山的理念，站在人与自然和谐共生的高度推动绿色发展理念。

1.3 钢笔画的形式语言与形式处理

钢笔画所表现的题材多为真实平常的景物或事物，正因为如此，就更需要赋予画面更多的情趣，使画面以小见大，留给观者更多画面外的遐想空间，这需要画者从构图开始就加入更多的主观取舍，并敏锐抓住自己瞬间对景物最直接和最强烈的感受，在画面中加以强调，以最生动的语言表达在纸面上，一幅真实、生动并蕴含者独特艺术语言的钢笔画才会跃然纸上。绘画绝不是简单的毫无情感的描摹，它与其他任何艺术门类一样，欲感动观者必须先感动自己。当然风格与韵味的形成，必须经过一段较长时间的实践与苦练，但也有一定方法和技巧可寻。

1.3.1 钢笔画的形式要素

钢笔画工具决定了它以线条作为表现物象的基础，也可以说线是钢笔画这出“戏”中的全部角色，我们需要巧妙地调配角色，使每出戏都能显现最佳效果。是佳作或拙作取决于画者对线条的认识与把握。

线在造型中的运用与掌握，是任何画种学习者必须深入研究的，钢笔画尤其如此。线的长短、曲直、方圆、粗细、快慢、疏密的运用都具有很强的形式感和独立审美价值，运用合理、组织得当即可产生视觉完美的艺术作品。

尽管东、西方对绘画中线的认识与运用有着很大差异，但无论是素描、版画、油画，还是中国画，线在任何画种中可以说是构成画面的基本元素。而中国人对于毛笔与线条的认识与运用无疑早已达到出神入化的境地。多看、多学，必定受益匪浅。

开始学习钢笔画时，应从以下几个方面去研究线条：

①学习如何使用线条去反映客观事物的基本形态，包括用线条去表现物体的内外轮廓、体积、空间、姿态、运动等。

②学习如何使用线条去表现物体的肌理质感与性格特征，如方正顿挫的线条可以用来表现刚硬的物体，轻柔婉转的线条则更适宜表现飞扬的物态。

③线条的合理组织和穿插对比，是表现物体基本属性和画面结构的重要方法。线条的粗细、疏密对比对画面结构、布局也有很大影响。

④线条是在手的控制下产生的痕迹，所谓手随心动就是说线条在某种意义上表达了画者的心灵感受。画者作画时心态、情绪甚至个人气质、修养都会在画面的线条变化中得到反映，当然这一切要建立在对线条熟练的掌握之下。

1.3.2 钢笔线条运用注意事项

用钢笔表现线条的确会受到工具的限制。钢笔画是在纸面上做加法，而不能做减法，这为其局限之一；容易刻板、直白，缺乏虚实变化，韵律感差等为其局限之二。如何扬长避短，使弱势成为特点，是钢笔画自始至终要考虑和解决的问题。

①画者要对所画对象保有创作激情，把情感注入笔端，方有可能画出好的作品，画出优美的线条。

②每条线从起笔到落笔，要虚实有度、把握节奏。

③线的表达既要流畅，也要根据对象特点，把握线条的力度、速度和形式。

④落笔前做到心中有数、胸有成竹，落笔后不犹豫，要敢于肯定。在技法熟练程度还不高的情况下，不宜过早追求所谓“帅气”。

⑤线的风格在一幅画中基本统一。

1.3.3 线条的排列与组织

（1）线的排列

画面中每一条线都是所表现物象的一部分，每一笔都要认真对待，线与线之间要相互协调、相互衬托。

钢笔画中常用线条排列形成的笔触去表现画面的色度与明暗关系。笔触的合理组织，能够表现物体的光影、体积与空间层次，使钢笔画获得视觉上完整的

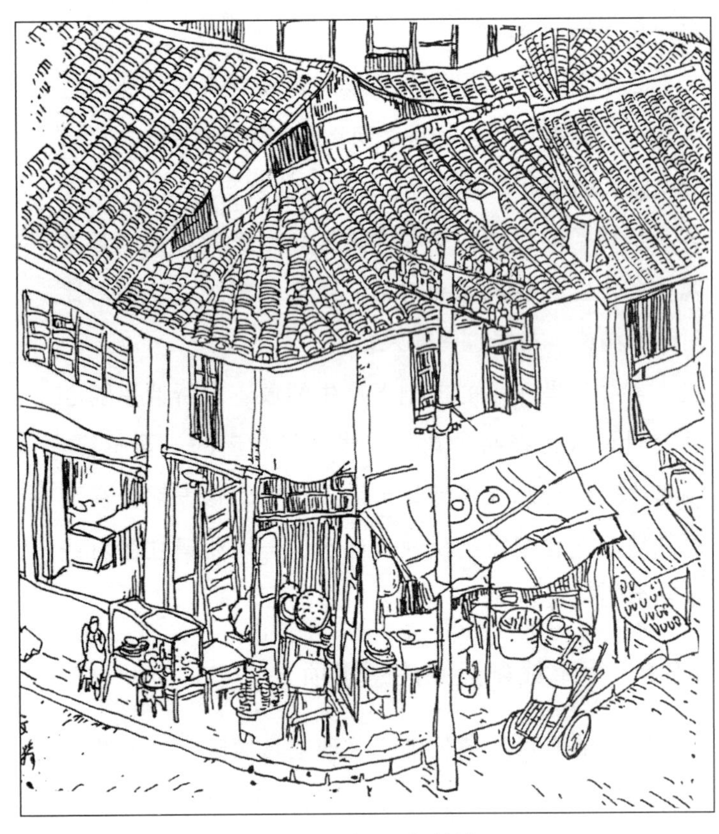

图1-15 《四川龚滩镇》

图1-16 《南方民居》

素描关系。

（2）线的组织

自然界可以说是由无数条“线”组成，而我们要用有限的线来表现无限的空间。因此必须找出其内在的规律并加以强化、组织，这需要训练出高度概括的眼睛和头脑。在大学一年级美术基础课中，反复讲到绘画学习首先应学习正确的观察方法。观察即正确地看和想。有了正确的观察才可能有正确的分析和表达。

有了正确的观察和较熟练的手法，即可用线条表达所视物象。关于如何用线去组织，组织什么，对初学者可以强调以下两点：

线的疏密组织　如同一篇好的文章，须有详有略，中心思想必须突出。钢笔画亦如此，必须有松有紧、有详有略，疏可跑马、密不容针，才可能形成一幅明确舒朗的钢笔画作品。否则，就会没有重点，一团乱麻。

繁简互托（黑白相衬）　疏密关系的处理依靠对画面黑白繁简关系的分析和确定，有时要有意识地找出比对象更明确的繁简关系。在以线为主的画面中，繁简的体现又通过线条疏密的组织来表达，因此需要画者对景物进行认真观察，大胆归纳、删减，并根据作品需要进行强调与适当夸张。目的只有一个，即完成具有自己独特视角、画面明确的钢笔画（图1-15）。

1.3.4　钢笔风景画的基本艺术形式

钢笔风景画是钢笔画中一种很重要的绘画题材，对于园林、风景园林的学生和从业者，钢笔风景画应是大家主要学习的内容。

钢笔风景画既是线的艺术又是黑白的艺术，但就造型方法而言，一是线的造型方法；二是体、面的造型方法。由此派生出三种不同的钢笔风景画形式。

（1）以线为主的线描造型方法

以线为主的线描造型方法在东、西方均有悠久的历史。每个人第一次执笔都会不自觉地尝试用线交代物体的形象特征，相对于明暗法则来说，线描具有简洁、概括的特点，但看似容易的线描形式，实际需要高度的组织、概括能力和把控线条的能力。在画面形式上，线描注重线的疏密对比与穿插组织（图 1-16）。

在笔触生动的基础上，用富于动感的线条体现画面明快简约的构图形式，大面积留白又可给人们较多想象空间。还可以平实稳重用线，侧重于线条写实性表达，注重运用线条的轻重虚实来表现场景的空间与质感。

（2）明暗调子式

明暗调子式画法在西方已经确立了五六百年时间，几乎和钢笔画的发展同步。由于钢笔画具有不易修改的特点，它只能用加法而不能用减法，所以运用钢笔明暗画法时要注意对明暗调子对比的准确把握。物体并置一处时，两种色调的交汇处就产生了物体的内外轮廓。画面中明暗对比较弱的部位，可表现出局部融入环境的效果，以增强画面的空间纵深。对画面整体而言，如果白色区域过多，画面显得单调，缺乏力度；灰色调过多，则缺乏深度，流于平板，空间层次拉不开；暗色调过多，会致使画面趋于黑色，显得沉闷、不透气。

（3）线、调子结合式

线条与调子两种画法如能完美结合，共同完成一幅画面，会给人一种画面丰富、饱满的视觉感受，两种方法的结合也丰富了钢笔的绘画语言，可使绘画过程更加自如、顺畅。同时，笔触巧妙结合运用，更需在较为熟练掌握线条与调子方法的基础上，对所用工具有较好的了解和熟练运用。

1.3.5 钢笔风景画的视觉趣味中心

画面中吸引人们视线、给人深刻印象的部位，因其处理上的独特性而形成焦点，即画面的视觉趣味中心。趣味中心的安排是一幅画成功的关键，趣味中心如果安排得好，哪怕是寻常小景也耐人寻味。以下总结了选择和处理视觉中心的方法。

（1）突出主体

就表现形象来说，画面的主体只有一个。主体是指画面中最为突出、最为明显的一个或一组景物，画面的主体形象直接影响着画面要表达的主题。突出主体，最重要的是主体在画面的位置要安排适当。通常情况下，主体应置于画面中心附近。在处理宾主问题时，刻画力度和着墨也应不同。一般来说，风景绘画中，主体部分刻画较深入，安排在画面的中景，陪衬和次要部分刻画较概括、省略并安排在画面的近景和远景。

图 1-17 为了突出建筑的主导地位，构图上只截取了物象局部，使这栋高层建筑似乎脱离了地心引力而显得卓尔不群。在视觉交流上，突出的位置使建筑占有绝对的主动。人们的视线只能在垂直的点、线之间上下游移；另外，背景的水平线和建筑垂直的点、线排列形成的对比，更突出了画面的主体。

（2）运用对比

对比的方式很多，运用这一手段的目的是营造视觉中心，使画面虚实有致。用多样化的手法表现视觉中心时，除了较直接的黑白、色调对比，还应当尝试

图1–17

其他多样化的表现手段（图 1-18、图 1-19）。

1.3.6 钢笔画与速写

在钢笔画课程的学习中，无论临摹、改绘或写生，都要求在较短时间内完成作品，形式上可以以线条为主或线面结合，这种绘画方式（无论哪种绘画工具）应归类为“速写”。

什么是速写？从字面上看，速写应为用较快的速度在画面上反映出眼睛观察到的事物。锻炼手、眼的高度协调能力，在这个短暂的过程中包括了观察、捕捉、表现三个内容，因此，它较之素描写生，更需要敏锐、果断、熟练。

速写无疑在绘画的时间上是较为快速的，但只从速度来理解又有失全面。“速”在这里更多应是归纳、概括、表达对象实质的含义，而绝不仅指线条的快速与潦草。在某种意义上，线条必须控制速度与节奏，方可形成独具风格、富有韵味并鲜活的速写作品，生动是速写作品的灵魂。

这就需要学生在学习的过程中，勤于观察、勤于动手，有一定量的积累方可达到得心应手的绘画效果。需要学生对素描学习中所学的构图、透视、比例、结构、调子等知识具备更深入的理解和准确把握，在写生之前对写生对象有更充分的认识，更理性的分析，才能概括、练达地表现对象（由于速写的绘画特点，素描基础知识中的透视知识显得格外重要）。

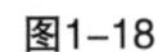
图1-18

图1-19

1.4 钢笔画的工具与材料

1.4.1 钢笔

钢笔是钢笔画最基本的作画工具。最常见的有：

（1）普通钢笔

日常书写的各种自来水笔。这种普通钢笔携带方便，运用起来比较自如，但在初学者手中，若掌握不好，容易使画面“油滑”。

（2）蘸水钢笔

在传统的钢笔画作品中，使用蘸水笔是非常普遍的。其中使用最为广泛的工具是羽毛笔，羽管的尖端削成楔形，笔尖处开缝，作画时中空的羽管能存一定量的墨水。羽毛笔绘制的线条，富有弹性和粗细变化，非常生动。其他种类的蘸水笔还有竹笔、木杆笔、芦苇笔等，它们的制作工艺非常相似，都是将作画的笔端削成楔形，这些工具所画的线条粗犷有力。由于这些工具独特的表现力，仍有一些画家喜欢使用其作画。

（3）针管笔

针管笔线条挺直、流畅、均匀、精密。钢笔画技法中常使用不同型号的针管笔，用其不同粗细的线型画出色调细腻的素描效果。针管笔勾线的弱点是缺乏笔锋转折变化，而且执笔角度很大，否则出水不畅。针管笔配合工具画出的线条精确、工整，具有很强的设计美感。

（4）美工笔

在钢笔画中画家为了得到宽窄不同、变化有序的线条，同时方便大面积的笔触涂抹，经常选择使用美工笔。美工笔笔尖的弯曲构造使它能很好地适应速写的快速性和概括性的特点。

1.4.2 纸张

钢笔画的用纸要求不高，一般说来，纸质坚韧、有吸墨性且运笔流畅的纸最为适宜。钢笔画常用的纸张是素描纸、绘图纸、复印纸、速写纸等。通常在质地光滑的纸张上作画，线条流畅、秀丽，而在纹理粗糙的纸张上作画线条则能反映纸纹的质感。有色纸也是钢笔画中使用较为广泛的纸张，选用这种纸张作画降低了钢笔线条的明度对比，在画面呈现出柔和的视觉特征。

1.4.3 墨水

一般情况下，钢笔画多使用黑色墨水。在历史上赭色墨水在钢笔画中使用较为普遍，这是受当时绘画和书写材料生产能力的影响。现在的钢笔画创作、商业插图、设计表现图中，彩色墨水的使用非常普遍。只要运用得当，彩色墨水也能获得有丰富色感的钢笔画作品。每一种钢笔都有其不同的表现效果，这有待在实践中不断摸索和体会。

钢笔风景画和其他美术课程一样，绝不仅仅是学会绘画技法，更多的是让学生通过课程的学习，更好地建立正确的审美观，更多地了解中西绘画风格形成的历史脉络和人文思想根源。通过钢笔风景画的学习使学生更好地理解中国古典园林之美和中国文化之美，为培养新时代园林设计师开启美的大门，使学生们成为中华文化传承和发扬的践行者和传播者。

第2章

园林物象单体的认识与绘画

2.1　风景物象的基本透视规律

2.1.1　讲授要点

（1）对景物透视的感受力，是在平面上表现风景远近距离的首要问题。透视是依据人在观察客观物象时，在“近大远小”视觉感受的基础上所归纳出来的基本规律，是表达空间感最古老又现代实用的一种科学观察方法与表现手段。

（2）平视、仰视、俯视以及环视是人在观察周围景物时的基本观察方法。环视是动态的，在中国传统长轴绘画中归纳为散点透视，难度较大。平视、仰视和俯视则是相对静态的，是人眼的三个一般视角，较为容易。

无论是在中国绘画还是在西洋绘画中，基本都采用这三个视角，即使是在“环视”的“散点透视”绘画中也是如此。所以，平视、仰视和俯视是透视规律中最基本的三种形式，相对于散点透视，称其为焦点透视。

（3）视平线与多条物象直线的延伸线在视平线上的交点，在透视研究中称为焦点或灭点。视平线与灭点是研究焦点透视规律的两个基础认识。

另外，画面中物象与视平线的位置关系又分为在视平线以上、压视平线、在视平线以下三种基本形式。在视平线以上者为仰视视角，压视平线者为平视视角，居视平线以下者则为俯视。在绘画绘图中，称居视平线以下者为鸟瞰。

（4）在焦点透视中，根据画面上物象的复杂程度和直线在视平线上灭点的多少，又分为以下两个大的种类：

①有一个灭点的称为一点透视，又称平行透视。

②存在两个及以上灭点的称为成角透视。在成角透视中，根据灭点的多少，又派生出所谓两点透视、三点透视、多点透视以及平行圆透视。其中三点透视又称倾斜透视，加上一点透视，共有五种最基本的绘画的透视规律。

2.1.2　一点透视（平行透视）分析简图

（1）图2-1（室内）与图2-2（室外）要点

①物象压视平线，平视视角，一个灭点，并偏于画面左侧或右侧，不居中，左右两边物象不对称。

②在规则物体中，所有横线可以画成完全平行的。同时，所有竖线则应互相平行，又必须完全垂直于底面，所谓横平竖直。

③所有规则物体的顶面、底面与侧立面的侧边线必须延伸相交于视平线上的一个灭点，否则，物体将是歪的。

④室外等距而不等高的物象（如树木）可在高矮长短上做差别处理。

（2）图2-3要点

①物象大部居视平线以下，俯视视角，属鸟瞰。

②灭点居中，左右两边物象对称。

③注意地面铺装，在由近至远的方形中，所有相对应的对角线必须平行。同时，每一方形中的两条对

角线必须与中轴透视线相交于一点，这样，铺装才是由近至远的正确空间表达。

（3）图2-4要点

其他要点同上文，在此图中要注意的是：

①使用平行透视时，所描绘的物象不可无限制地延伸增加，增加得越多，变形越大，物象形体的准确性则越低。

②在实际中，一个矩形在鸟瞰视角下，只要能看到三个面，就必然是成角透视，即两点透视。

2.1.3 二点透视（成角透视）分析简图

（1）图2-5要点

①物象压住视平线，平视视角，有两个灭点。

②参照右上屋顶平面和左上简图，在平面图上凡平行的对边或线段，在透视效果上都要在视平线上有一个灭点。

③在画矩形的透视效果时，其正、侧立面分别产生一个灭点，在视平线上则有两个灭点。

④房屋前脸开间（无论出廊或不出廊）的对角线都要平行，所有竖线要互相平行并且垂直于底面。

⑤在视平线以上的透视线段的两个端点要近点高、远点低；在视平线以下的透视线段的两个端点要近点低、远点高。

⑥所有透视线段，离开视平线越远透视感越强，反之越弱；与视平线重合的成角相接的两条线段则变为一条水平线。

（2）图2-6要点

①两个矩形的直角衔接，凡对应平行的线段都要产生一个灭点。

②通过房屋侧面矩形对角线的交点，画一条垂直于底面的辅助线，屋脊端点则在此线上，高矮比例要匀称和谐。

③视平线的高低，可根据画面构图的需要自定。图 2-6 的视平线就比图 2-5 的高些，其他要点同上文。

（3）图2-7、图2-8要点

①物象在视平线以下，俯视视角，为鸟瞰，有两个灭点。

②建筑墙体与屋顶形式有了稍复杂的变化，但成角透视的绘画基本规律同上，找起来并不难。

③图 2-8 中可看到两个屋顶和两段正墙面与两个侧墙

图2-1

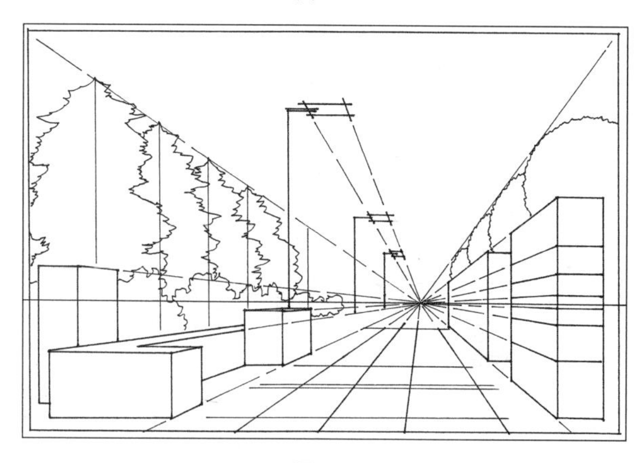

图2-2

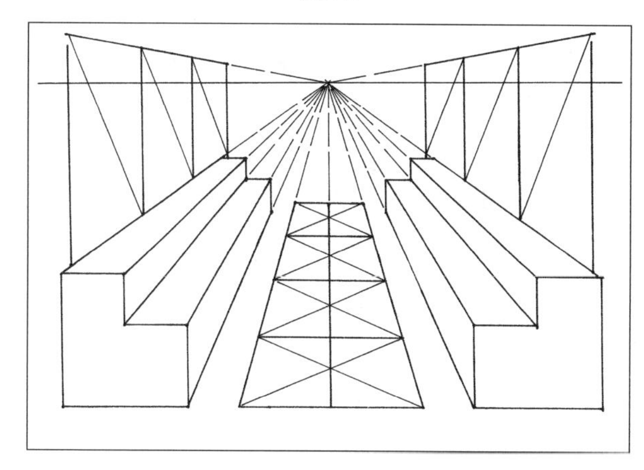

图2-3

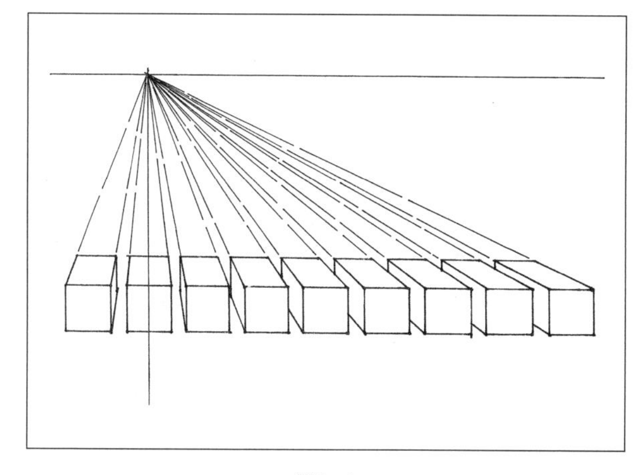

图2-4

面，它们在平面上都是直角衔接，两部分在透视上要一致。

④屋脊端点可依据图 2-5 所示通过透视线与垂直辅助线来确定。视平线的高低同样可以根据构图需要自定。

2.1.4　三点透视（倾斜透视）分析简图

（1）图2-9要点

①物象压视平线，视平线很低，在这种视角情况下，物象呈较大的仰视。

②在平视视角中所有的垂直线在这里已不垂直而产生了倾斜，并在天上很高处延伸相交，产生一个灭点，可称为“天点”。

③其他线段透视同二点透视，加上“天点”，可称为三点透视。

（2）图2-10要点

①物象在视平线以下，俯视视角，三个灭点。

②倾斜透视规律同图 2-9，只不过在鸟瞰情况下，倾斜线向下延伸并相交于一点，可称为“地点”。

③无论是仰视的“天点”还是俯视的“地点”，这种倾斜形式的三点透视，一般只适于表现高大建筑，或视点离物象很近，物象在视觉上感觉很高大，或处于高山上的塔和楼阁等。

④在直线的成角透视中，建筑正面透视角度可缓一些，灭点一般在画外，建筑侧面的透视角度可大一些，灭点一般在画内。这点在进行画面构图处理时须注意用心安排。

（3）图2-11要点

①图左为鸟瞰形式下平行透视的平行圆画法，这只在一组对应并且面积相同的平行圆组合情况下可用。两组以上的对应平行圆画法，则应使用成角透视。

②在透视情况下，平面的正圆变椭圆，其直径近大远小。

③在两边对称的平行透视中，在同一透视圆中的水平直径大于垂直直径。水平直径的两个半径相等，而垂直直径的两个半径则前长而后短。

④图右为压视平线的圆柱的平行透视，圆柱中的所有平行圆都应画成水平的。离视平线越远者，其垂直直径越长；反之，则越短。与视平线重合的椭圆将变为一根水平直线。注意：圆柱的中轴线与所有垂直直径重合。

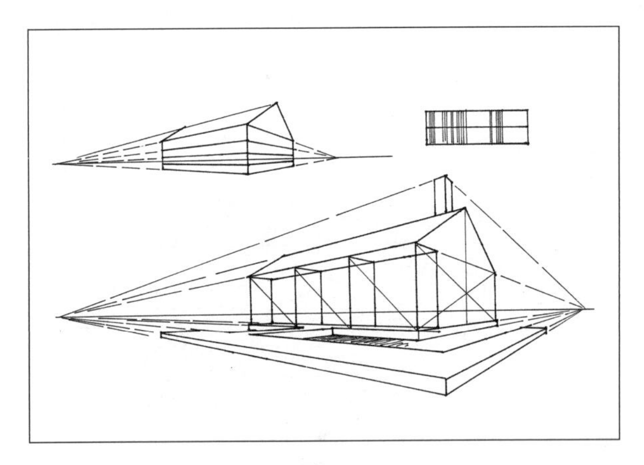

图2-5

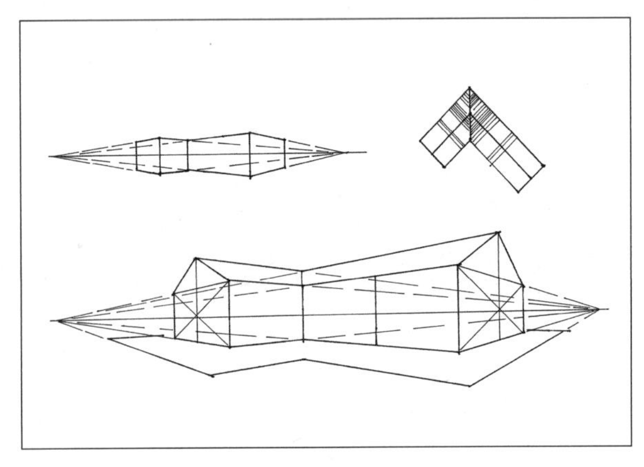

图2-6

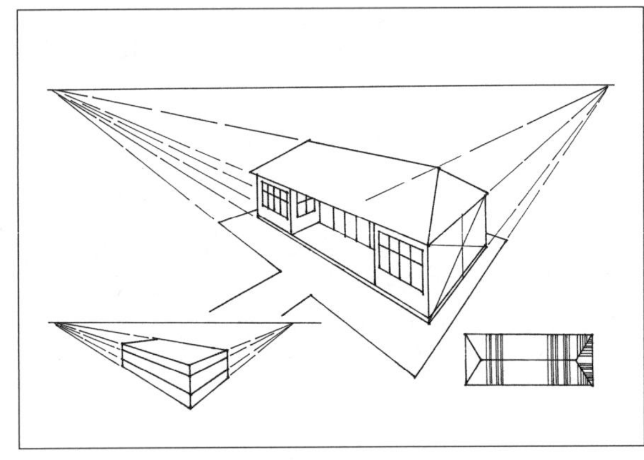

图2-7

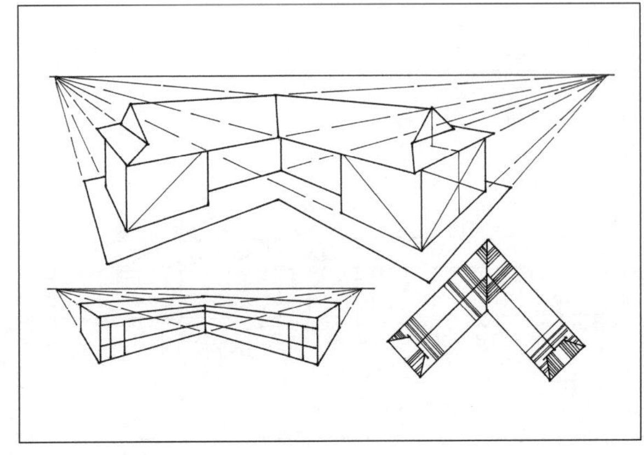

图2-8

（4）图2-12要点

①图左为一个正圆的平面，在相等视距下，围其走一圈可有无数视点（观察点），此图取八个视点。从每一个观察点看去，此圆都会产生一个最长的直径和一个最短的直径。最长的直径都要水平，最短的直径都要与地面垂直，其半径长短规律同上。

②图右为一个圆亭的透视分析简图，一部分在视平线以上，一部分在视平线以下，中轴线一定要垂直并与顶椭圆和底椭圆的最短直径重合，此亭才是正的。这一点在写生时要特别注意。

值得注意的是，多点透视是上述各种基本透视的组合，无论是描绘一幢较复杂的建筑，还是绘制一幅较复杂的图画，所有物象的透视感都要一致。

同时，在焦点透视的风景画中，无论有多少灭点，它们都应在一条视平线上，一幅画最好不要有两条视平线。这正像人们的双眼是长在一条水平线上一样。

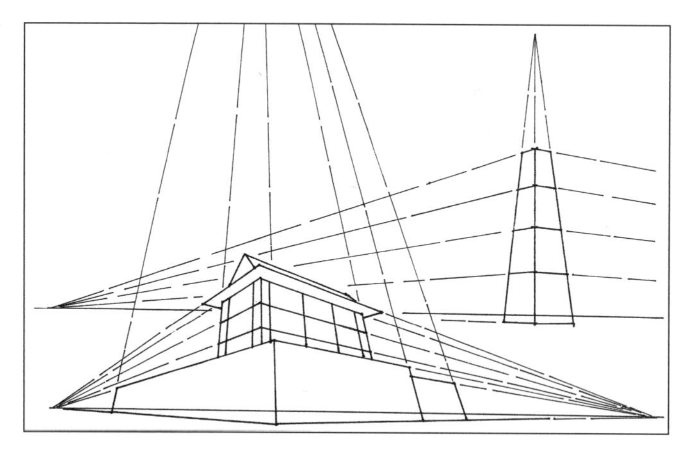

图2-9

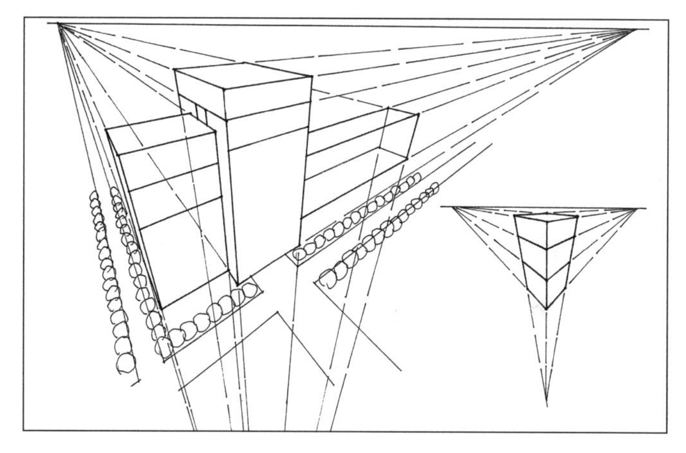

图2-10

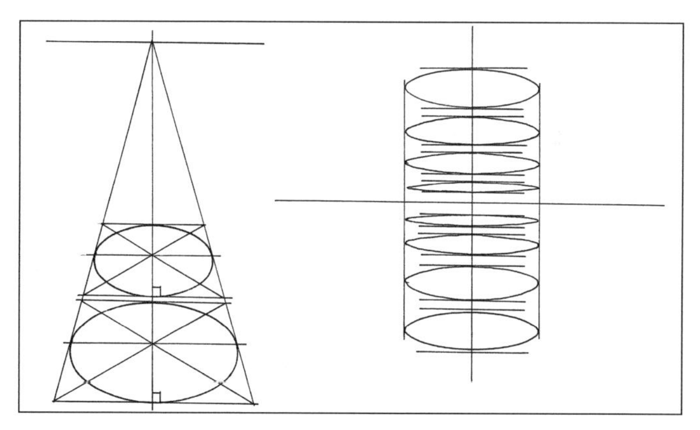

图2-11

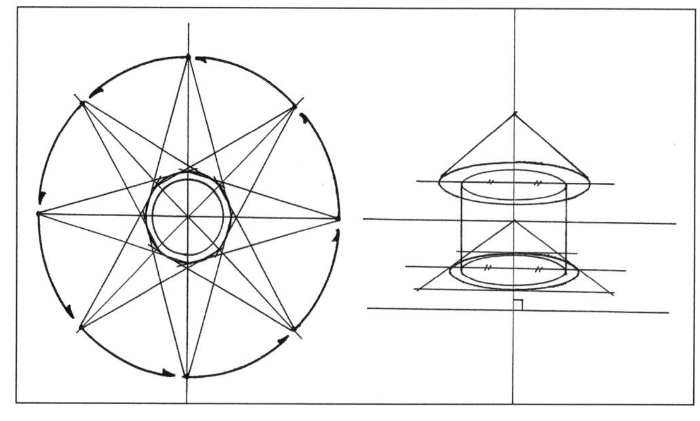

图2-12

2.2 园林建筑、民居的基本艺术形式与画法

2.2.1 讲授要点

在自然风景和园林风景钢笔绘画中所遇到的建筑形式有两个主要特点：一是大部分建筑体量较小，尤其在园林风景中这一特点更为突出；二是建筑形式较多，古今中外各种形式都有可能出现。将其加以概括可分为三类：中国古典园林建筑、现代园林建筑和民居建筑（有时也会遇到西洋古典建筑）。

钢笔建筑写生最基本的绘画原则是，抓住不同建筑的基本特征，尽量表现出建筑不同的外观样貌与风格。

2.2.2 中国古典园林建筑

中国古建筑在中国园林风景中占有重要位置，亭、台、楼、阁、榭、廊、桥在北方园林和南方园林中又各有其不同艺术特色。祖先留下来的艺术财富其文化底蕴之深之广，是需要大家下大决心、花大力气去努力体会、学习和领悟的。

中国古建筑与其他建筑一样，与园林风景中其他构成元素相比，外观较硬朗且规则，多以平行或垂直的直线或弧线为主，如亭子顶的外轮廓线多呈弧线，而柱子、台基则以平行线和垂直线为主。

中国古建筑外形的另一主要特点是外观完整，其外观大的形体、轮廓都比西洋古代建筑整齐得多，同时其细部变化又相对烦琐细致，因而在钢笔画中，需要抓大结构、画大关系，细节部分可以通过画法上的变化去简化、概括。

抓住上述两个主要特点，中国古建筑写生技法就明确了。

园林建筑品种繁多，不胜枚举，本教材只示若干简例。

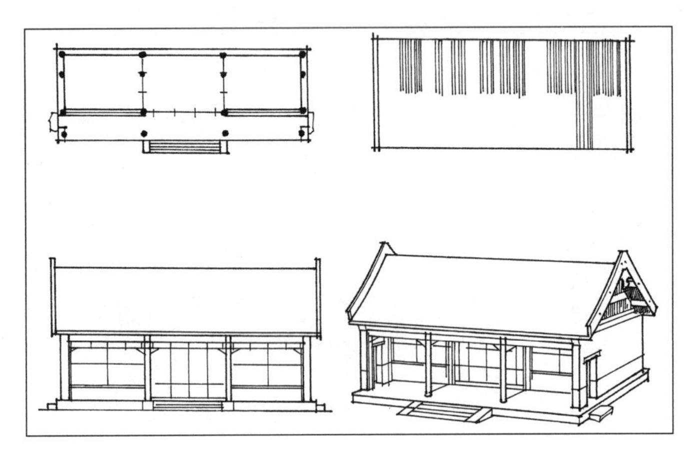

图2-13

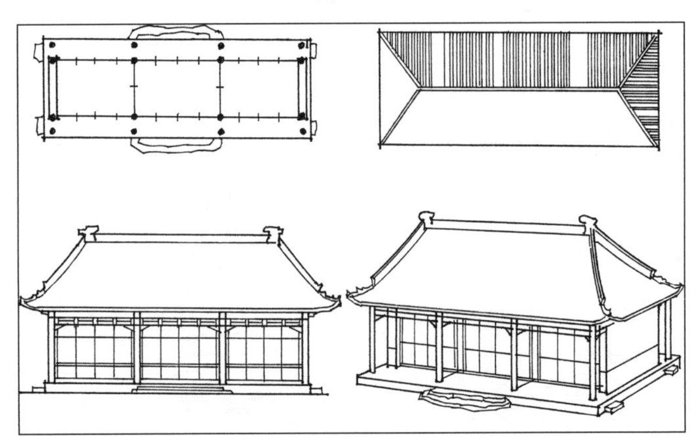

图2-14

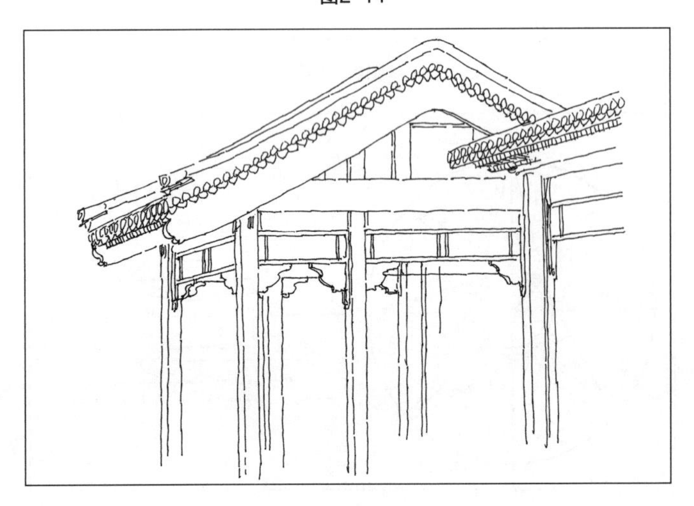

图2-15

2.2.2.1　悬山

悬山的形象特点（图 2-13）：

①底部平面，开三间，前出廊，认清基本结构。

②顶部平面，此图无正脊的装饰，所有瓦的线条平行于垂脊并垂直于屋檐。

③正立面，无透视，比例要对，并与图 2-13 左上小图对应开三间。

④鸟瞰透视，参照前三图画出，前脸要出廊，前后柱要对应并透视一致，屋顶要悬出山墙。

2.2.2.2　庑殿

（1）形象特点（图2-14）

①底部平面，开三间、五间均可，前后出廊，认清柱、墙和基本结构。

②顶部平面，前后左右均出坡，有一条脊和四条斜垂脊的装饰，正坡顶瓦的线与侧坡顶瓦的线条要直角对接。

③正立面，无透视，注意屋坡顶与前脸门面的比例。

④鸟瞰透视，依据前三图画出，前后都应出廊，最好用廊两端的开门表示。前后柱的透视对应关系要画对。

（2）建筑局部画法步骤（悬山式）

画法：线条 + 调子，签字笔。

①步骤一：用单线勾画整体大形，并画好各部位的基本结构（图 2-15）。

②步骤二：用线条刻画局部，并适度用调子深入，最后画上背景植物（图 2-16）。

图2–16

2.2.2.3 十字歇山

十字歇山的形象特点[图2-17（1）、（2）]：

①顶部平面，认清两层檐瓦线条与十字歇山顶上瓦线条对应的排列方式。

②鸟瞰透视，四周均出廊，正面开三间，前柱与后柱一定要在一条透视线上，整体透视要舒服正确。

2.2.2.4 盝顶

盝顶的形象特点[图2-17（3）、（4）]：

①顶部平面，顶部造型像古代的盒盖，最上部有一个矩形的平面，两层屋瓦线的排列同庑殿等建筑。

②鸟瞰透视，前后出廊，两边山墙封住，注意比例与前后柱的对应关系。

注：十字歇山与盝顶建筑不是很常见，形式结构又相对复杂，但弄明白对画其他建筑的写生有益。

2.2.2.5 攒尖

（1）四角四柱单檐亭形象特点（图2-18）

①底部平面，认清柱、坐凳与底盘、台阶等基本部件。

②顶部平面，有四条斜向的装饰垂脊，认清瓦的线条平行排列方式和直角衔接的关系。

③正立面，认准比例，基本构件不要少画。

④透视效果，此为与视平线重合。视平线以上近者高，远者低；视平线以下近者低，远者高。注意中轴线要与柱子平行并垂直于底面，中轴两边宽度要相等。

（2）六角双围柱重檐亭形象特点（图2-19）

①底部平面，共12根柱，并依对角线分两围排列，认清坐凳、底盘与台阶。

②顶部平面，有三组相对应的瓦的线条排列，每个三角形中瓦的线条均互相平行并垂直于檐。相邻的三角形中瓦的线条成角度衔接，但不是直角，有六条斜向的垂脊。

③二层六根外柱与一层六根内柱一定要分别在一

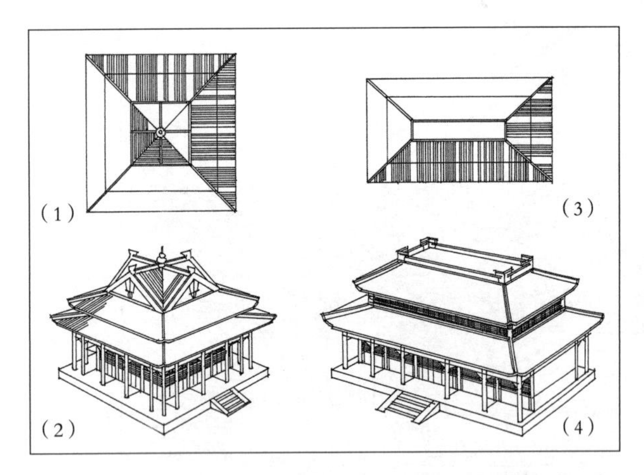

图2-17

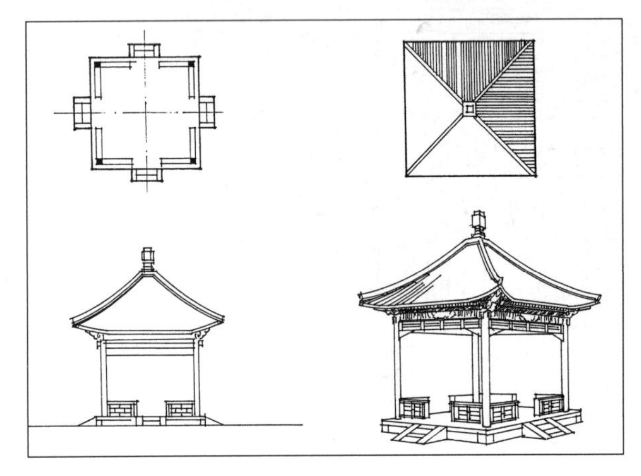

图2-18

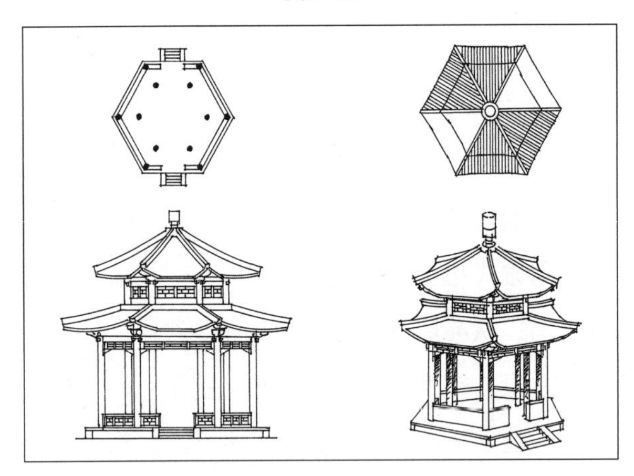

图2-19

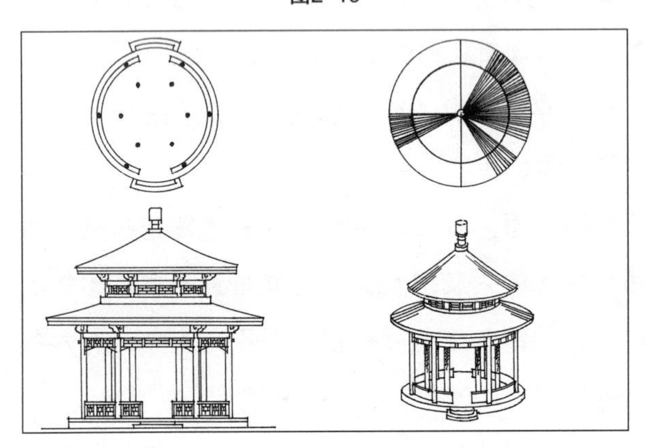

图2-20

根垂直直线上，帽、脸、身段中各个主要部件不可少画。

④鸟瞰透视，依前三图画出。注意：无论画者在哪个角度，也无论透视怎样变化，中轴线是不变的—永远平行于柱、垂直于底面，中轴至最外沿飞檐的宽度，两边永远相等。否则，画的亭子就是歪的。

（3）六柱双围重檐圆亭形象特点（图2-20）

①底部平面，大柱12根，依直径分两围对称排列，认清坐凳、底盘和台阶。

②顶部平面，所有瓦的线条向心放射排列，无平行、无交叉。

③正立面，认清比例和基本结构，与上两图对应观察，主要部件不要少画。

④鸟瞰透视，注意二层外柱与一层内柱一定要分别在一条垂直线上。亭顶与底盘一定要根据平行圆透视规律处理。

（4）攒尖亭的画法步骤（图2-21）

画法：签字笔。

①步骤一：看清亭的基本结构与比例，定好基本构图。此亭在形象特点上带有很强的南方形式，这是形象上的基本感觉。心中有数后动笔，用单线画好整体和各部分轮廓。形体、透视、比例都要尽量准确。

②步骤二：由前至后，自左至右地逐步深入刻画，注意调子和形体线条要结合自然。安排好疏密关系与黑、白、灰调子的对比与过渡，留白要恰当，物种形态特点要突出。

2.2.2.6　廊

（1）形象特点（图 2-22）

①平廊两边都透，左右均可赏景，直角转折，透视相对容易。写生时一定要注意基本结构与比例，尤其是两排柱子的对应关系。

②平廊一边透、一边封，但开花窗，透窗可观景。转折角度随地形变化而随意，为多点透视，相对复杂，但灭点只要在一条视平线上就是舒服的。注意廊前柱与后面墙上柱子的对应关系。

③爬山廊，随地势变化而顺势构建，底面多为台阶，但在转折处必有一块水平的底面。此点一定要注意，不能一直爬台阶而无歇脚喘息之处。一边半封一边透，注意前后柱的对应与多点透视。

图2-21　攒尖亭的画法

（1）步骤一　（2）步骤二

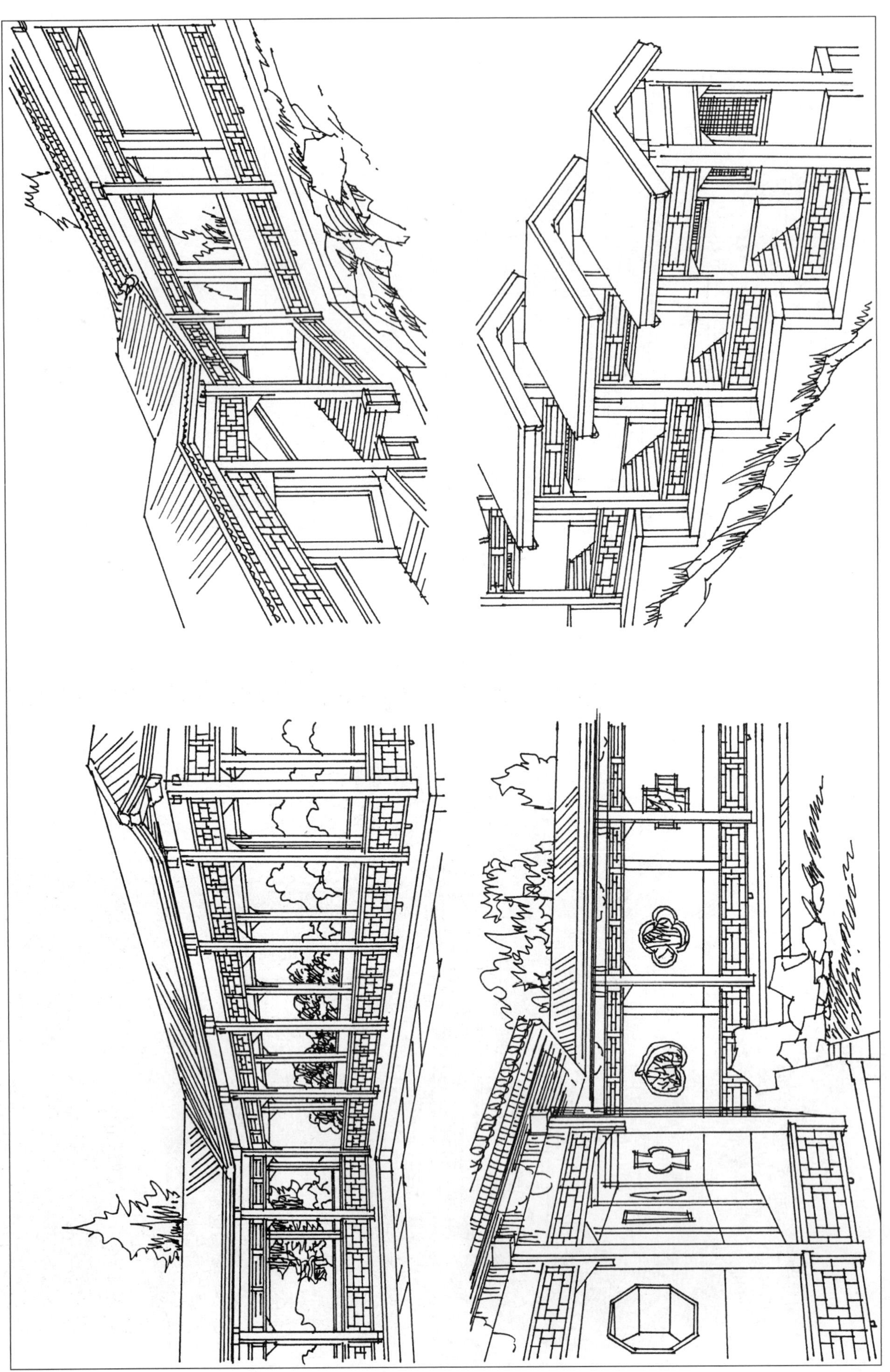

图2-22 廊的四种形式

④叠落式爬山廊，在整体上，每一开间都可看作一级台阶，每一级又都是水平的，因而可用两点透视解决，相对好画。一边封并开窗，一边透，写生时要注意上级屋顶一定要遮住下级屋顶，否则建筑会“漏雨”。

（2）叠落式廊的写生画法步骤（图2-23）

画法：线条＋调子，签字笔。

①步骤一：明确构图、透视、形体比例、基本结构等形象特点，用线条完成整体与各部分轮廓，该简者要简，该繁者一定要认真细画。

②步骤二：进一步深入充实，使画面完整，要明暗关系明确，线条疏密得当。要在画面中心部位画足，四周可逐渐放松。

2.2.2.7 园林建筑外观基本结构与基本画法

（1）前脸外观形象与基本构件（砖瓦与木结构）（图2-24）

从上至下：①筒瓦（阳）；②片瓦（阴）；③瓦当；④滴水；⑤椽子（木，两层）；⑥檐檩（木）；⑦檐垫板（木）；⑧檐枋（木）；⑨梁头（木）；⑩穿插枋榫头（木）；⑪楣子（木）；⑫雀替（木）；⑬前柱（木、出廊）；⑭后柱（木）；⑮窗与窗台（木）；⑯槛墙（砖）；⑰门槛（木）；⑱栏杆坐凳（木）；⑲台明（石、砖）；⑳砖或虎皮石；㉑把角石。

（2）侧面山墙形象特点与基本构件（砖、瓦、石）（图2-25）

从上至下：①垂脊；②瓦当滴水；③盘头；④搏风板（木或砖）；⑤墀头；⑥挑檐石条；⑦砖墙（或虎皮墙）；⑧墙围子；⑨柱；⑩石台；⑪把角石；⑫砖或虎皮石。

2.2.3 民居

民居在绘画中占有独特而重要的地位，在地域风情景物绘画中，常以别具特色的民居为主要描绘对象。民居以其浓郁的生活气息，强烈的民族风格，令人悦目的建筑形式以及含蓄内在的历史渊源，给人们以艺术美的享受。

无论是绘画艺术还是园林设计，都不乏采用民居素材加以艺术提炼，使之成为绘画与园林中重要内容的经典之作。

根据民居不同风格特点，在具体笔法上也要有选择。具体笔法运用有两方面的内容：一方面是每个人本身的艺术特点与画法习惯、爱好及技术擅长不同，对于写生技法的掌握与艺术途径的探讨，还是以扬己之长为好。另一方面应根据不同地区民居对象的不同特点而有选择地使用某种笔法。不同地区不同特点的民居应用不同的最适合当地情趣风味的笔法与手法来体现。中国民居十分丰富，但基本绘画表现规律还是一致的。

中国地域辽阔、民族众多，民居风格亦多种多样。依据不同地域特征，人民的智慧在其居住场所中得到最完美的体现，中国民居所给予的美的启迪以及深厚人文思想是我们取之不尽、用之不竭的艺术源泉。如何欣赏、学习、吸收、运化，则要看我们能否用心悟道。

民居本身带有较强的感情因素，写生者也应带有较强的感情色彩与采用具有较强艺术感染力的手法去表现民居。

2.2.3.1 北方民居

图2-26是一幅北方民居钢笔画。它将山西、陕西等地的民居特点表露无遗。长方形的院落，有别于北京的方形四合院。门窗结构的椭圆形极似窑洞形状，画面构图饱满，具有一定装饰风格画法，以线条为主。院中门前、窗下无处不透露着浓厚的北方特有的生活气息。

2.2.3.2 南方民居

图2-27是一幅具有典型江南韵味的钢笔风景画。画面内容丰富，生活气息浓厚，水乡人家依水而居的生活情趣跃然纸上。

画法为线条加调子。

2.2.3.3 少数民族民居

图2-28是一幅蒙古族风情的钢笔画。画面线条简练，视角开阔，寥寥几笔，基本表现了蒙古族人民的生活状态。

画法以线条为主。

图2–23　叠落式廊的画法

（1）步骤一　（2）步骤二

图2-24　园林建筑前脸外观形象与基本构件

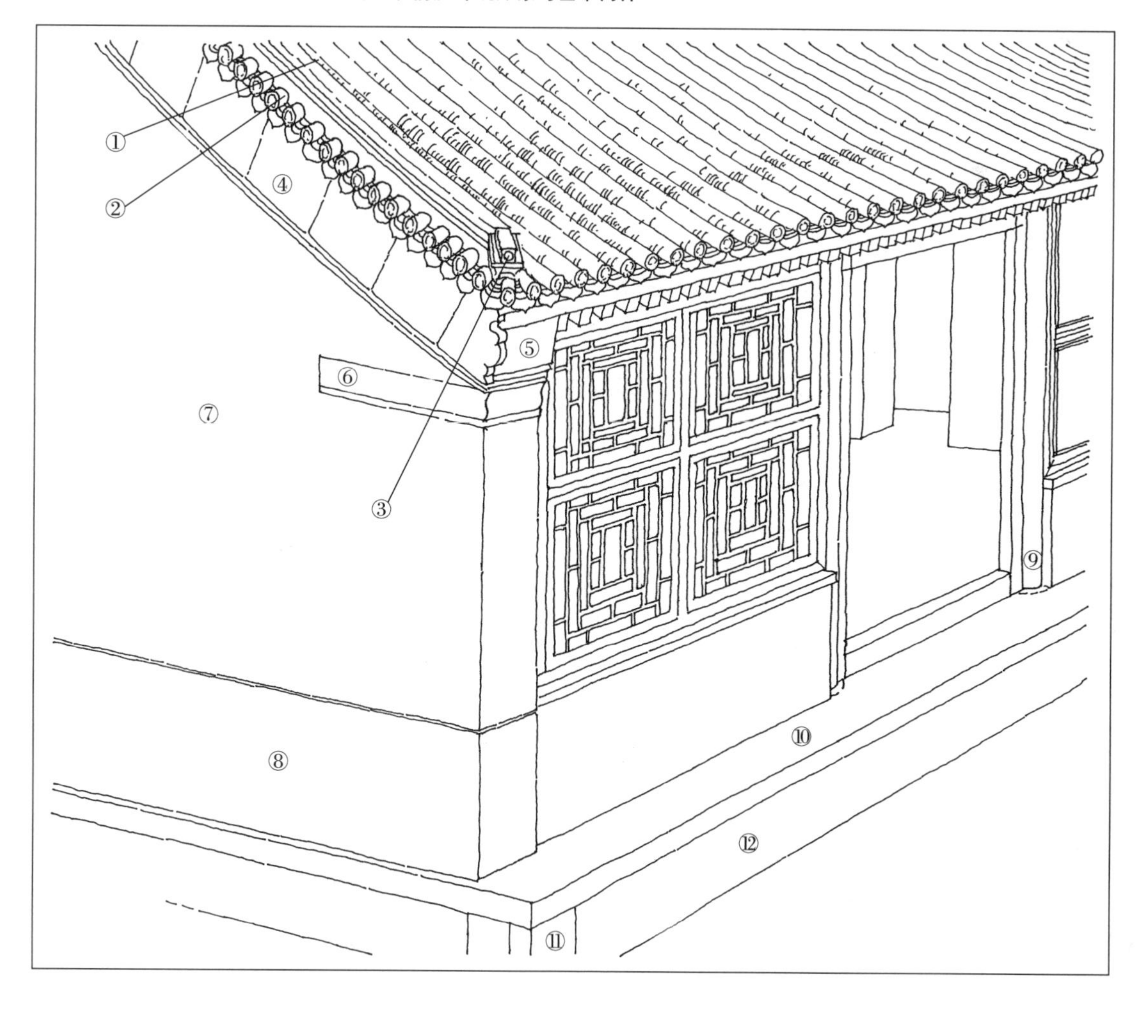

图2-25　园林建筑侧面山墙形象与基本构件

图2-26 北方民居

2.2.4 现代建筑

现代建筑，其艺术理论上的内容及意义可以说是多方面的。仅从钢笔写生与造型的角度看，其外观形体最重要的特点是以几何形造型为主。

在现代建筑形式学以及现代艺术构成学中，最基础的研究内容就是弧线与直线的不断组合和变化。弧线组合的基本形为圆，直线组合的基本形则为三角形、方（矩）形的组合变化，以圆形、三角形、方（矩）形这三种基本形为变化母体，可衍生出无数种组合。现代艺术设计在此基础上自由驰骋。

园林风景中的现代建筑种类很多，与古代建筑中包含的亭、台、楼、阁、榭、廊、桥一样，在外轮廓的勾画上，同样要根据它们的不同特点加以区别，用笔、墨、线条要比画古建筑时更简洁明快，把不同形式的几何变化加以规律性地概括和处理。

现代城市街景也是现代建筑画中较好的对象，并且生活气息浓厚、有情趣，学生可随时画一些街景写生练习，对增强空间概念、提高透视准确度有很大的帮助，对今后设计效果的把握也会起到重要作用。

无论古代建筑还是现代建筑，其写生与表现技法大同小异，最主要的还是应加强平时生活中观察事物的敏锐度，并进行大量的写生练习，才可能从生疏到熟练，从量变到质变。

2.2.4.1 东方建筑

图 2-29 是一幅东南亚当地传统民居的照片改绘。草、竹、木的建筑质感自然朴实，艺术形式具有很鲜明的地域民族特色，因而绘画性与美感都很强。

画法：线条 + 调子，蘸水钢笔。

2.2.4.2 西方建筑（图2-30至图2-32）

图 2-31 是一幅典型西方建筑形式钢笔画。画面

图2-27　南方民居

图2-28　蒙古族风情

前、中、后景内容饱满，初春的气息通过植物有所体现。

画法：以线条为主。

2.2.4.3 现代园林建筑（图2-33、图2-34）

图 2-33 是两幅现代园林建筑。画面恬静、闲适，高低错落，通过植物、建筑、石阶与休闲区域的描绘，一种现代休闲园林的情致表露无遗。

图 2-33 画面以线条表现为主。图 2-34 以明暗色调式速写表现为主。

图2–29 东南亚传统民居

图2-30　《老屋》（哈尔滨红军街）　写生（高飞）

图2-31　《教堂》（哈尔滨）　写生（高飞）

图2-32　西方建筑

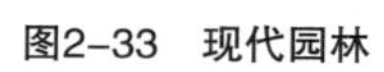

图2–33　现代园林

图2-34 钢笔速写
作 者：姜喆（北京林业大学）
钢笔画训练的终极目的是要具备快速写生和画设计草图的能力。现代园林的快速写生，要尽量概括景观的形态，以简明的黑白灰关系和疏密关系表现空间感和体量感。尤其要注意画好水中的倒影，笔法要尽量体现出水纹的形态变化和前后空间感。

2.3 园林植物的基本形象特点与画法

2.3.1 讲授要点

钢笔风景画训练一般不要求将不同树种的微观变化表现得过细，更不强求具体到树种的不同叶形变化，但要求在表现树木不同特征时，至少区别出针叶树、阔叶树、灌木这三种大的树形分类。

园林植物种类繁多，运用广泛，在学习中所能接触的只是其中一小部分。本教材分针叶树、阔叶乔木、灌木、花卉与草丛，做基本讲解和示范。

树木是钢笔风景写生的主要对象之一，树的种类很多，其外观特征变化无穷。要想把树表现得生动逼真，必须要在生活中长期观察与体验，并随时加强写生练习。

2.3.2 植物的基本形态以及组合的表现技法

（1）植物生长向心与辐射的基本自然规律

如图2-35所示，从树木平面到乔、灌木立面到花草局部，再到一朵花和一枝叶，甚至一片叶的叶脉，其生长规律均为向心而辐射的形态，没有完全平行排列的叶团和叶片，这一点，写生时一定要观察明白。

另外，花朵的花瓣数也以奇数为多，有五瓣，有七叶，偶数花瓣的花朵相对少些，尤显奇巧，这就是大自然不对称平衡的艺术造化。在写生时也要注意并大致数清花瓣后再画。

（2）植物组合与叶团、枝干组合“从攒三聚五”的基本概括手法

植物平面（图2-36） 其组合排列，在整体大片上和大小不等的局部群落中，基本以3、5、7的组合方式进行。

植物立面（图2-37） 与平面相对应，排列与组合方式同上。

树冠局部（图2-38） 在一株树的整体树冠上，从上至下，从左至右，从前至后分布着几组大小不等的叶团，其组合也是以3、5的基本方式进行艺术上的处理。

树干（图2-39） 画树的枝干，是表现树木非常重要的艺术手段，有很多风景画家均以树木枝干的生动刻画为长。画枝干一定要概括，抓住主要而生动的部分，去掉细枝末节。

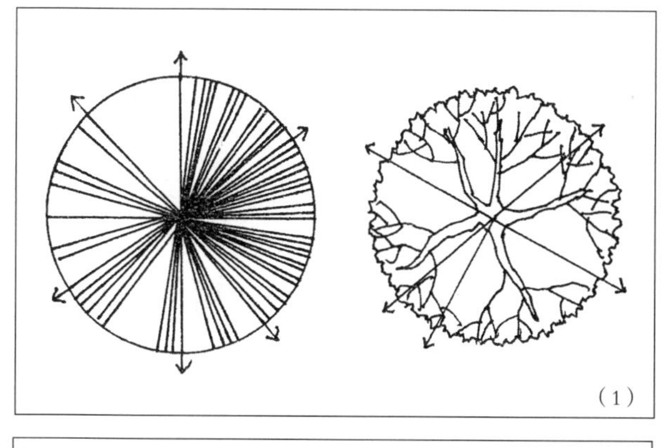

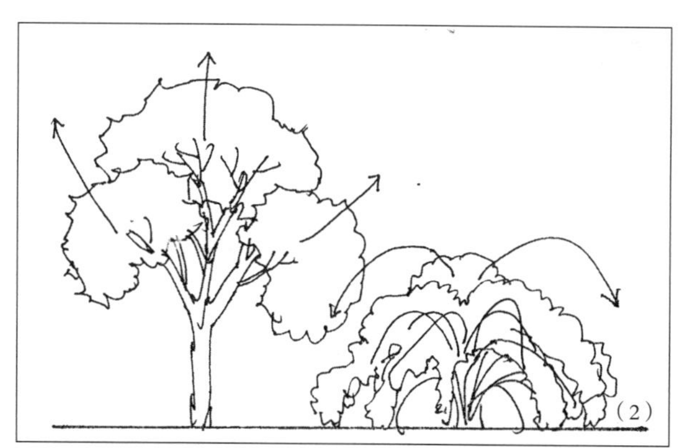

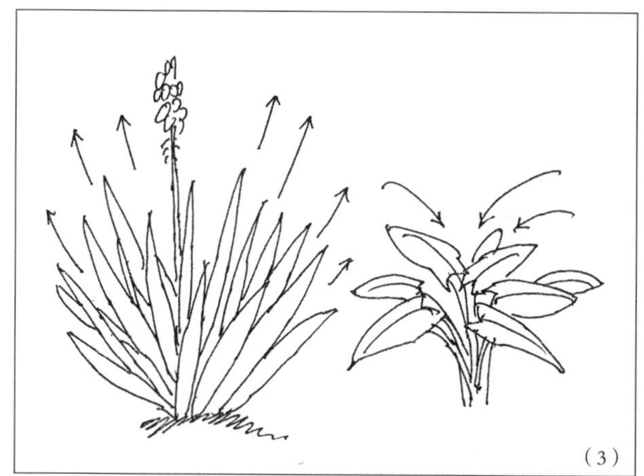

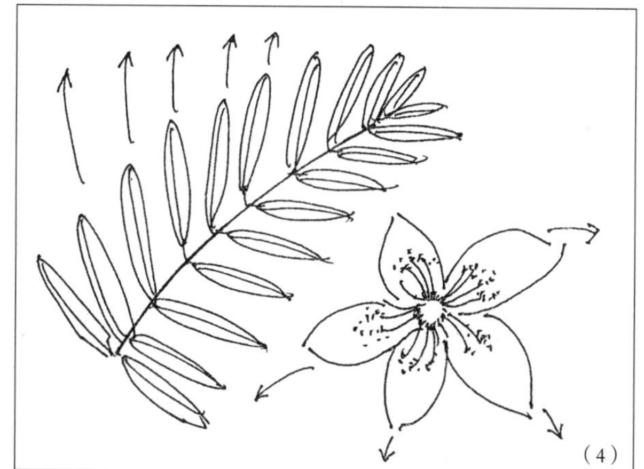

图2-35　植物生长规律

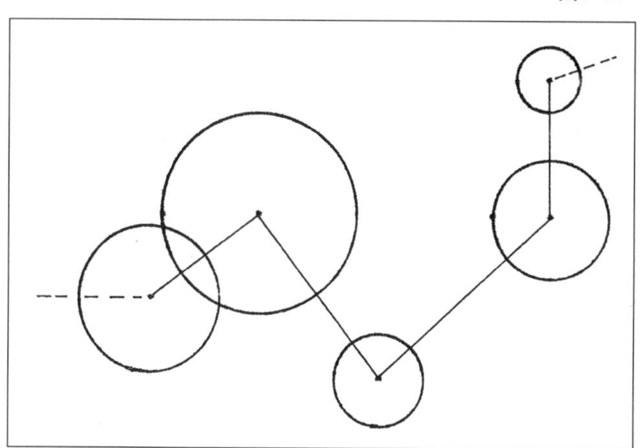

图2-36　植物平面

图2-37　植物立面

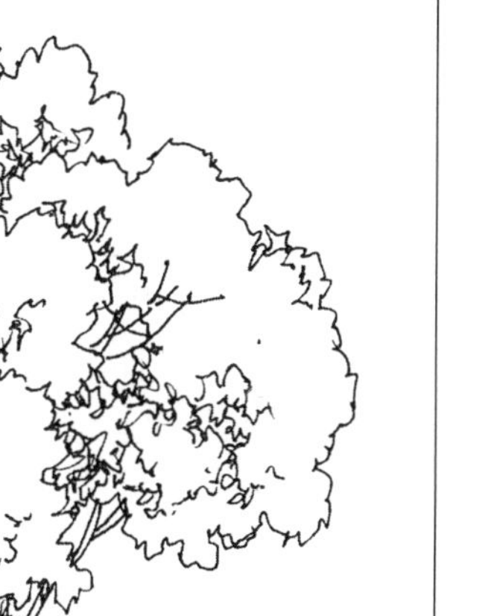

图2-38　树冠局部

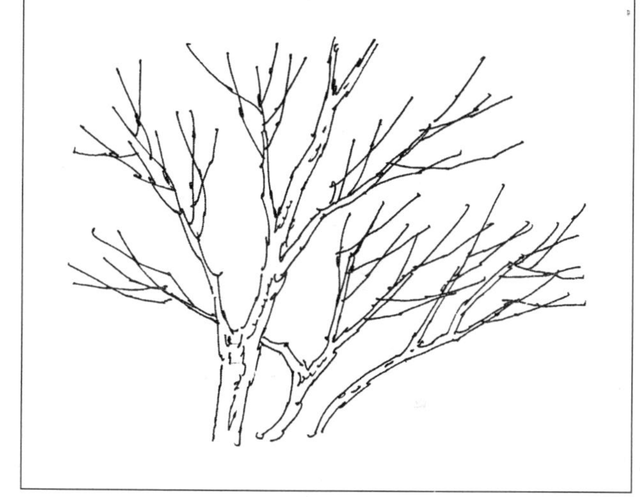

图2-39　树干

2.3.3 针叶树

松、柏、杉等均为针叶树，四季常绿。其树形多为伞形、尖塔形或圆锥形，叶的生长形态及组织密而实。因此，针叶树在色度上与其他树种相比，显得暗一些，它的固有色也相对阔叶树更重一些。

在表现松、柏、杉类树木时，要注意观察其生长形态和树体的动势。首先，古松、古柏经过岁月的洗礼，古柏会以其树干弯曲变化讲述岁月风霜，而古松树干明显，树冠生长在树的上部。这些生长特点及区别在写生时应注意观察，找出差异，画出树木特有的风格。

图 2-40 至图 2-43 均以线条画法为主，但线条不是简单排列，笔触的形态疏密均无一例外地符合树木本身的生长姿态，树干和针叶的用笔力度粗细均有差别。

图2-40　苍松（左）

图2-41　柏树（右）

图2-42　雪松

图2–43　古柏

2.3.4 阔叶乔木

阔叶乔木高大、冠幅开阔，基本树形有卵形、圆形、伞形、半圆形等。阔叶乔木的外轮廓变化较多，一般适用变化多样的弯曲线或虚实不同的小折线来表现。

相对于针叶树，阔叶乔木叶形的变化更多，并且四季变化明显，画起来难度更大。在处理大型阔叶乔木时，首先注意树形，其次确定画法，再次是线条的组织等与针叶树不同。阔叶乔木树团变化繁多，不适于用线去具体体现植物结构，而应更多注意光线照射在乔木上明暗的变化关系，并用小结构线去组织大的树形状态。树干与树叶的线条运用要区分开来，树干硬、树叶柔，刚柔相济，效果才会明确。

南方特有的大叶乔木较于北方阔叶树、针叶树，其基本形态更加柔媚，像芭蕉、椰树等植物均线条绵长柔软，从长而柔的线条中似能见到小桥流水，听到琵琶声声（图 2-44 至图 2-49）。

2.3.5 灌木

园林中灌木类常应用于开阔草坪、疏林草地、园路两侧、角隅及山体上做团、线、点处理，单独的灌木不多。因此，在进行园林风景写生时，应在上述诸地注意灌木的安排与穿插，而且多作团状的整体效果，尽量不要一株株地画，就像画整株树时不要一片片地画树叶一样。这样画既脱离了抓整体大效果的基本规律，也永远画不完。

灌木类植物的叶片与阔叶乔木比显得小些，叶团生长形态与组织自然显得密实一些，其叶团色度与阔叶乔木相比要暗些。在安排针叶树、阔叶乔木、灌木组合的黑、白、灰关系时，常将针叶树处理为重调子，阔叶乔木与灌木常处理为灰、亮调子的穿插对比。当然，这不是绝对的，乔灌木之间也有黑、白、灰之分，而且这三者各自本身色调也有黑、白、灰之分。应根据写生对象具体的受光条件、远近层次及明暗关系做具体处理，灵活运用绘画手法。

图2-44　枝与干——乔木画法

图2-45　树群

图2–46　树荫

图2-47　竹的画法

图2-48　芭蕉画法

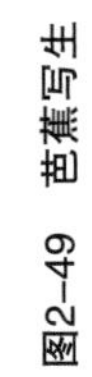

图2-49 芭蕉写生

表现灌木的叶团相貌时，也常采用变化多样的弯曲小线及网线。从大的色度对比关系上看，灌木线条交叉排列与针叶树比较相对疏松，与阔叶乔木比较相对密。灌木枝干又矮又密实，暴露在外面的也不多，而且底部枝干常常处在阴影里，用墨线勾画时，做相对深重而虚的处理，并可与投影同时完成。

在画面上，灌木常安排在树的最下层，与地面或水面最近，其投影面积虽小，但色度往往最深重。

另外，园林风景中常见常绿植物做成的绿篱，如侧柏绿篱、黄杨绿篱等，多加工成几何形体。用钢笔表现这类植物景观时更不能一株株地画，应抓住大的形体特点做统一描绘。人工整形修剪而成的几何形体的植物，则最少要交待清楚两个面或多个面的转折关系。

总之，无论是什么树，写生时都要准确地抓住基本生长形态和主要相貌特点，采用变化多样的线条来做具体表现，同时应抓住整个效果来概括提炼（图2-50、图2-51）。

图2–50　灌木画法（1）

图2–51　灌木画法（2）

2.3.6 花卉

花卉也是钢笔画较常表现的内容之一，无论花束、插花、野花还是花卉造景，在画的过程中所遵循的方法与前文植物画法基本一致（图 2-52 至图 2-56）。但需注意前中后景的刻画，抓住主要表现的内容，注意详写、略写，使画面层次清晰、明确。如采用以线条为主的画法更要注意繁简的把握，疏密关系的处理，同时注重笔触对物象质感起到的关键作用。

花卉在人们生活中起着活跃气氛、提高生活情趣与生活质量的作用，在园林景观中更是必不可少的组成部分。

花池、花坛、花架等花卉景观在园林中经常出现。在这些花卉景物组合中，除了花卉本身丰富多样外，还涉及周围与之相配合的物体，因此在画面处理上一定要注意物象质感的变化。要注重整体形态的把握，画法上可用点、线、面多种形式处理，在注重大的明暗关系的同时，把握造型本身要传达给人们的艺术语言。与插花一样，应通过画笔的二次创作，在保留原有花卉组合艺术特征的同时表达出绘画语言的优美，二者完美结合才能成就作品的成功（图 2-57 至图 2-59）。

2.3.7 水生植物

水生植物形态较多样且复杂，大叶子形态的植物注意提炼概括，留白较多，小叶子形态的植物刻画可以

图2-52 花束

图2-53 插花（1）

图2–54　插花（2）

图2–55　花篮

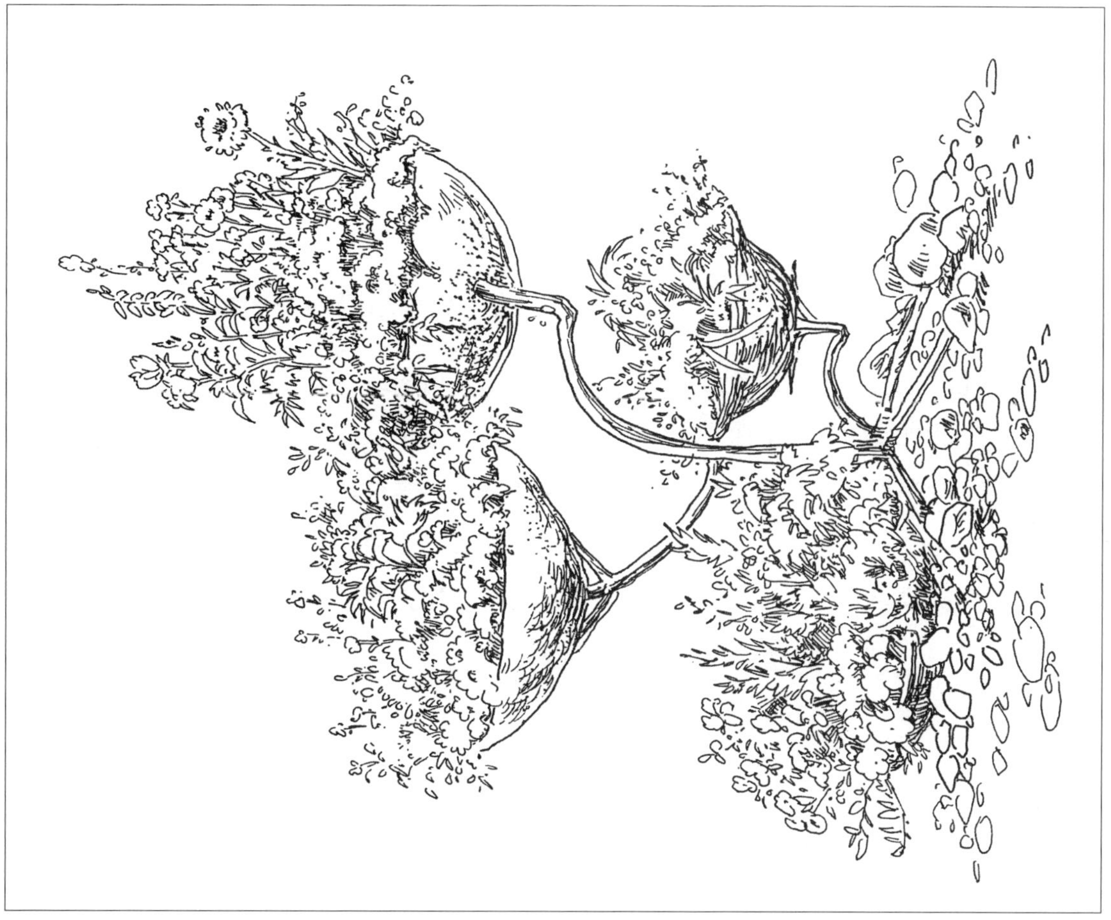

图2-57　花架

图2-56　野外花丛

适当密实些，形成清晰的黑白对比关系，注意通过植物的疏密突出前后空间关系（图 2-60 至图 2-62）。

2.3.8 草丛与地面

2.3.8.1 人工草坪与园路的表现方法

人工草坪与园路的组合，大致分为两种：一种是规则形加模仿自然；另一种则为完全规则几何形。图 2-63 中花草的安排为模仿自然，而石阶路为几何矩形，用密线条或调子将石板托出。花在草地上是很鲜亮的，所以一定要简画，多留白，不要画成黑花，用草丛线条将花群托出即可。

2.3.8.2 自然草丛的表现方法

图 2-64、图 2-65 及作品《草地与草花》（见彩图）中的景物完全是自然式手法，花篱、湖石、草丛三部分自然地有序结合，并在形态与笔法及线条使用上有对比和区别。草丛分成几组单勾而实画，地面留白，此法为“压”。自然式稍难，人们习惯把东西画成对称的，但只要勤于观察和练习，此问题不难解决。

2.3.9 多种植物组合表现的基本技法

多种植物组合的表现应注重在保持单体植物基本形态的基础上，通过线形的疏密、黑白灰关系表现出植物群组的高低错落、前后空间以及主次关系。可以适当削弱次要植物、远处植物的细节表现，突出主体植物及近处植物的形态和细节（图 2-66 至图 2-68)。

图2–58 花坛

图2–59 花卉小品造景

图2-60 《荷风熏面 谁与吾坐》

作 者：姜喆（北京林业大学）

大面积荷花的描绘运用中国画传统的白描法勾勒，可较好地传达出独特的中国审美趣味。线条的疏密变化要特别注意，因线的疏密可形成黑白灰的层次变化，体现景物的层次和空间感。

图2-61 《水生植物景观》

作 者：宫晓滨（北京林业大学）

此图刻画了八九种南方亚热带植物，以水生植物构成画面主体。南方大叶植物的概括与留白，与背景较密实的其他类植物线条，形成明确的“亮”与“暗”的对比。处于画面左、右的两种水生植物，在叶形大小与形象特点上形成对比与呼应。同时，要明确而简洁地表现水面。

图2–62 《池塘水清浅》

作　者：徐桂香（北京林业大学）

荷叶水石做留白处理，与密集的水草形成黑白节奏的对比。

图2-63　人工草坪与园路

图2-64　自然草丛与花篱

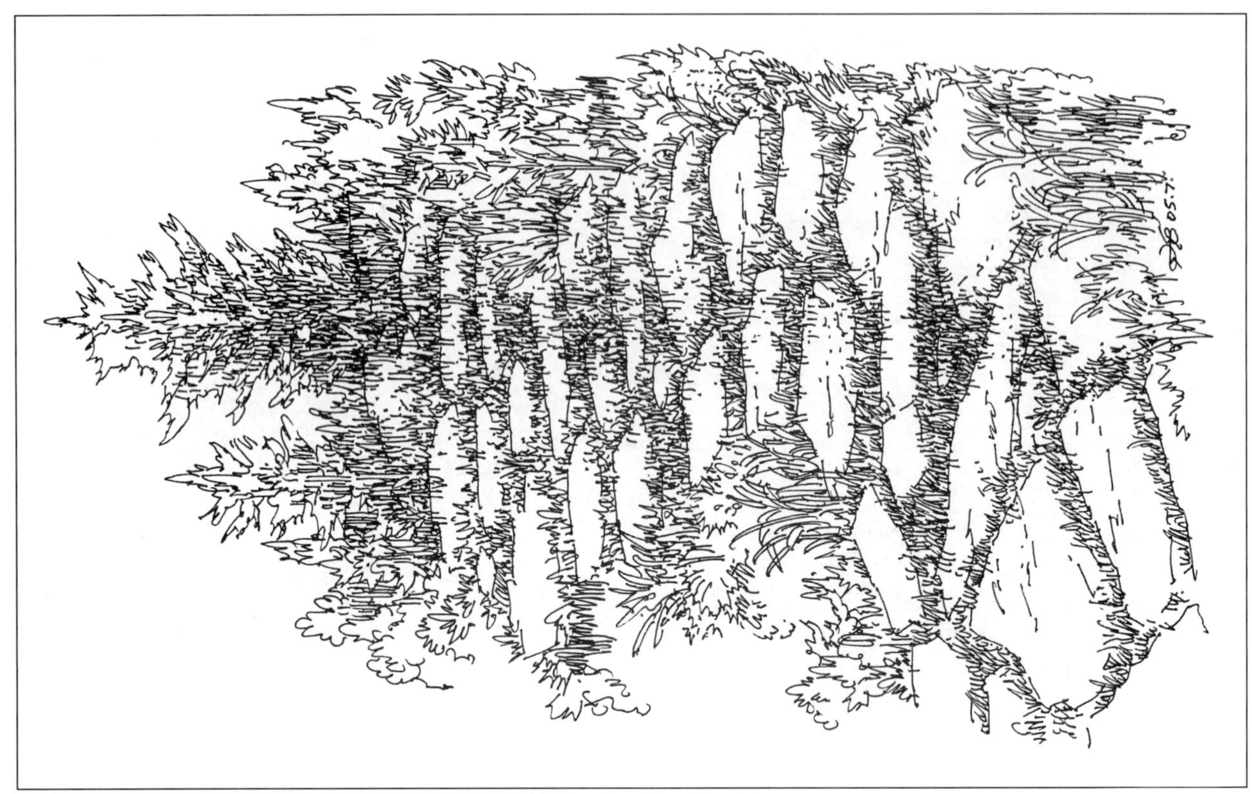

图2-65 草、树、石的结合

图2-66　现代西式花园局部透视创作

作　　者：宫晓滨（北京林业大学）
工　　具：针管笔
尺　　寸：30cm × 24cm
技法要点：这张图的题材采自上海东锦江大酒店西式花园的平面图，但在进行平视视角的创作时，根据个人爱好进行了局部改动。此图是较复杂的多点透视画面，在总体的透视感上要尽量合理而舒服。植物安排既有规则式又有自然式，显得活泼而有序。

图2-67　散尾葵组合

作　者：张乃沃（华东理工大学）
工　具：美工笔
尺　寸：30cm×24cm

图2–68　花园一角（张乃沃）

2.4 石品、假山、水体的基本形象特点与画法

2.4.1 讲授要点

石品、假山、水体在东、西方园林中有着不同的运用形式和特点。特别是中国园林对石品、假山、水体的运用更具有独特的魅力。以下就常用园林石品种类，石品组合基本艺术形式，石品与植物的组合，假山，水体，山脉六部分做基本讲解和示范。

在钢笔风景写生、创作亦或园林设计中，石品与植物组合的状态会经常出现在景物中，石品与植物组合状态的刻画，首先要视它们在画面中所处角色主次情况而定。用笔可轻松自然一些。繁简关系视石品种类和植物种类的具体特征而定。

如青黄石与‘紫叶’小檗，石品的线条可挺括、简练，而植物线条可细致一些，这样画面的主次、明暗、前后关系就很明显地表现出来。如湖石与竹或长枝条植物，在处理上可能就需要采取另外的方式。

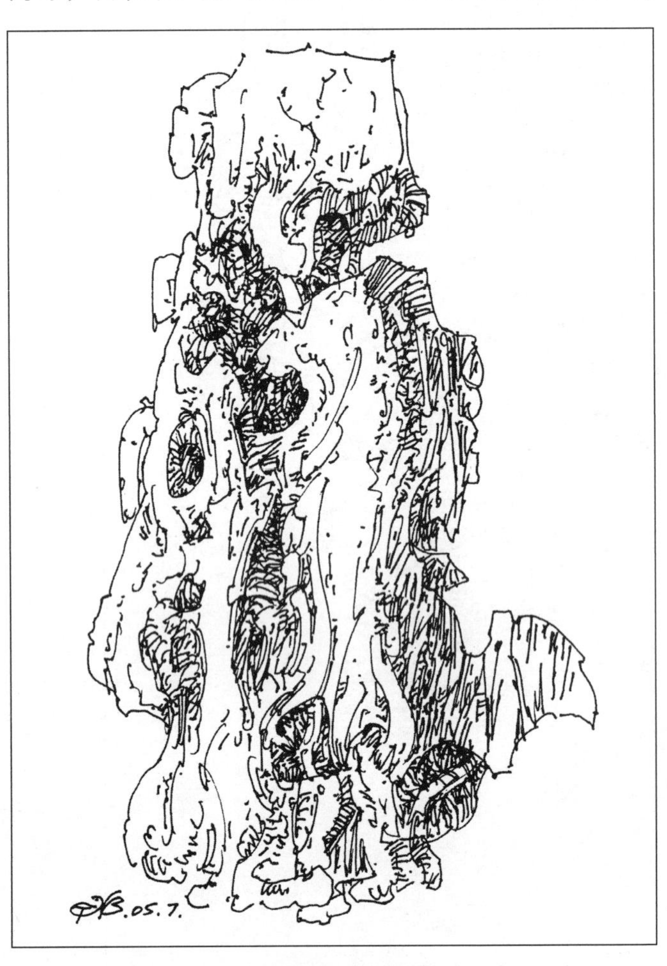

图2–69 湖石（线条+调子）

（1）石品和假山是风景写生，尤其是中国自然山水园林写生的主要对象之一，石品与假山在风景绘画与景观设计中都具有重要作用。

（2）园林中的石景与中国自宋代以来的宫廷石、竹绘画及中国文人山水画有密切的渊源和秉承关系。中国太湖石质硬而形似傲骨，且多生孔穴而气韵贯通。中国竹其叶形如中国毛笔的“一画”，其茎多节而不通，虽体形修长柔弱却可挺立。因而中国文人画中多以石、竹暗喻傲骨、骨气、气节以及高风亮节的品质以及“可通”与“不可通”的为人原则。

（3）清代大画家石涛在扬州“片石山房”中亲手设计建造的湖石假山，画意浓厚，独具一格，在造型美学上具有很高的价值，是研究中国山水园林假山造型的重要临本之一。

（4）石品本身的造型是天然形成，非人力所能为，但中国人总结出“八字真言”，即“瘦”“漏”“皱”“透”“清”“丑”“顽”“拙”。前四字是说它的形象特点和生理特质，后四字是说其性格特点和心理特质，概括了湖石从外表到内心的造型规律与美学意义。

（5）描绘石品的手法无论是“石画三面”，还是勾线白描以及运用调子，都要高度概括并强调其动势，笔触线条可以轻松狂放一些，形体上可以夸张一些，不必过于拘泥，要使石品“活”而生动起来。

（6）水本身是无色的，但水体却含有周围环境的色彩，如天、树、花、屋、石岸、人物等。表现手法大致有三：

画水纹　无论是微风下的涟漪，还是缓流的河溪，其水纹线都要画得流畅，一笔带过，切不可重复描摹。同时最好少画笔触，在一般受光条件下切勿把清澈溪水画成黑水沟。

画倒影　有水平如镜之说，可用竖线描绘静水中的倒影，也可既画水纹又画倒影。

留白　有水天一色之说，天空与水面都留白，效果也很好。

2.4.2　常用园林石品种类

（1）湖石

湖石形象特点及基本画法（图 2-69）：

根据“八字真言”仔细观察琢磨，其外形奇巧，突兀圆润，凹凸有趣，纹理自然。用相对圆顺的线条，勾画外形及结构与层次，然后选择有意思的部位深入刻画，受光的亮部一定要留白，表现动势要有一定夸张。

图2-70　青、黄石（线条+调子）

（2）青、黄石

青、黄石形象特点及基本画法（图 2-70）：

所谓青、黄石都是山中选采，青石是色青而偏冷，黄石是色黄而偏暖，形态特点与太湖石相比显得硬挺，因而写生时要用较坚挺的直线来描绘。此类石形相对近似于矩形的变体，因而可用石画三面之法，但转折线一定要时断时连、虚实相间，其过渡才会自然生动。

图2-71　石笋（线条较圆滑）

（3）石笋

石笋形象特点及基本画法（图 2-71）：

外形如笋而内心坚实，中国传统园林在角隅里与画墙下常用，并常与竹相配。高长的外型，特点明显，好画并易出效果。外轮廓勾好后，在画中部纹理时抓住明暗交界线适度地细画，其他部位渐淡，受光部留白。

（4）自然山石

自然山石形象特点及基本画法（图 2-72）：

没有任何人工痕迹，纯天然并完全顺其自然，野味十足，写生时最主要的就是表现“野”，这点是较难的。基本画法同上，要强调的是，自然山石乃天地造化，聚天之气、地之灵，变化万千，非一两张简图所能概括。必须进山观察，切莫以本教材之一叶而障目。

图2-72　柔石

自然山石写生步骤（图 2-73）：

步骤一：定构图—打腹稿—画上整体外轮廓并组织石块的层次与疏密—抓动势—用植物暗调衬托。

步骤二：完成所有植物种类与层次，把所有石块托出—不要破坏石较亮、草较暗的大关系—在此基

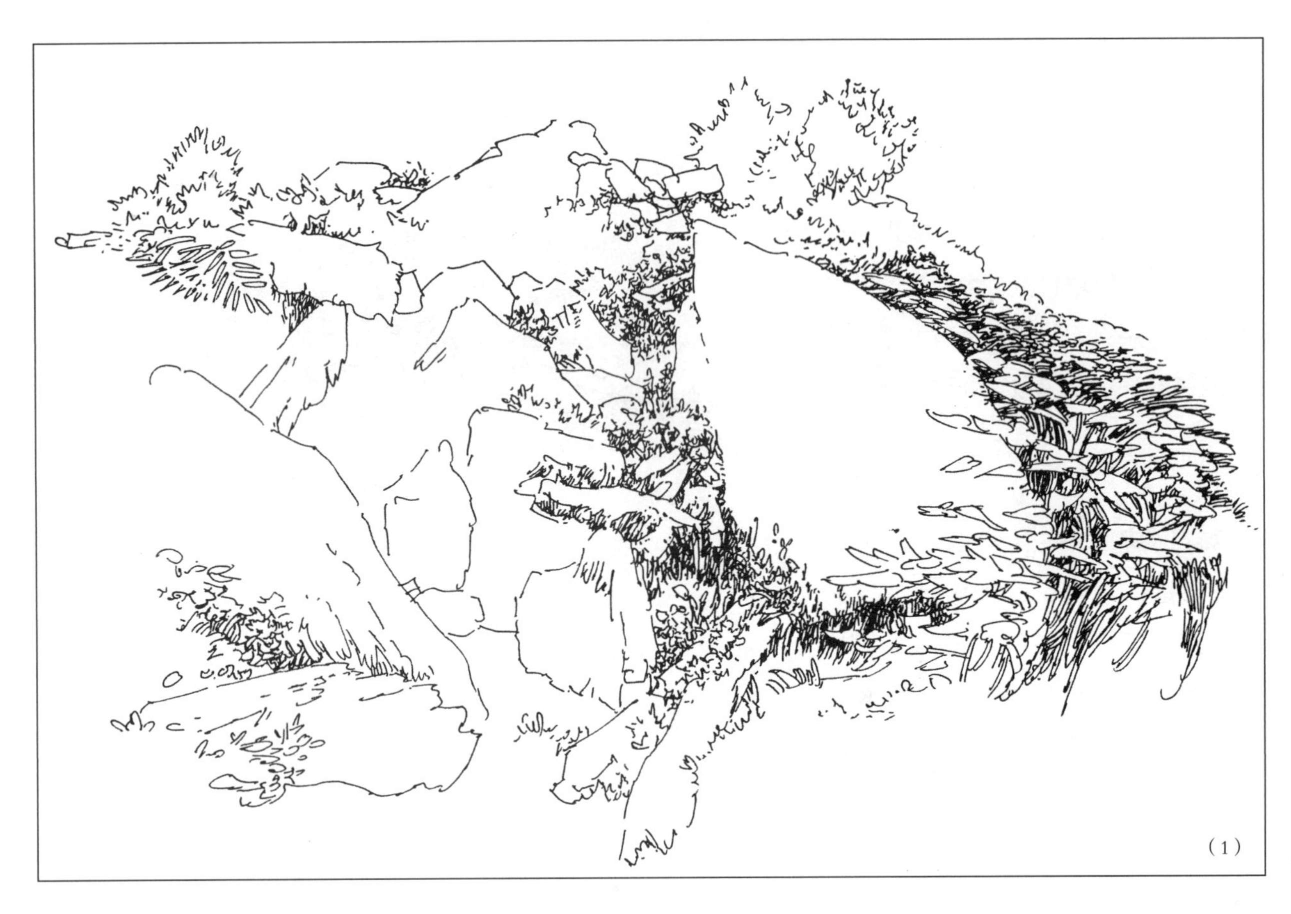

（1）

图2–73　自然山石写生
（1）步骤一　（2）步骤二

（2）

图2–74　石品组合的三层次

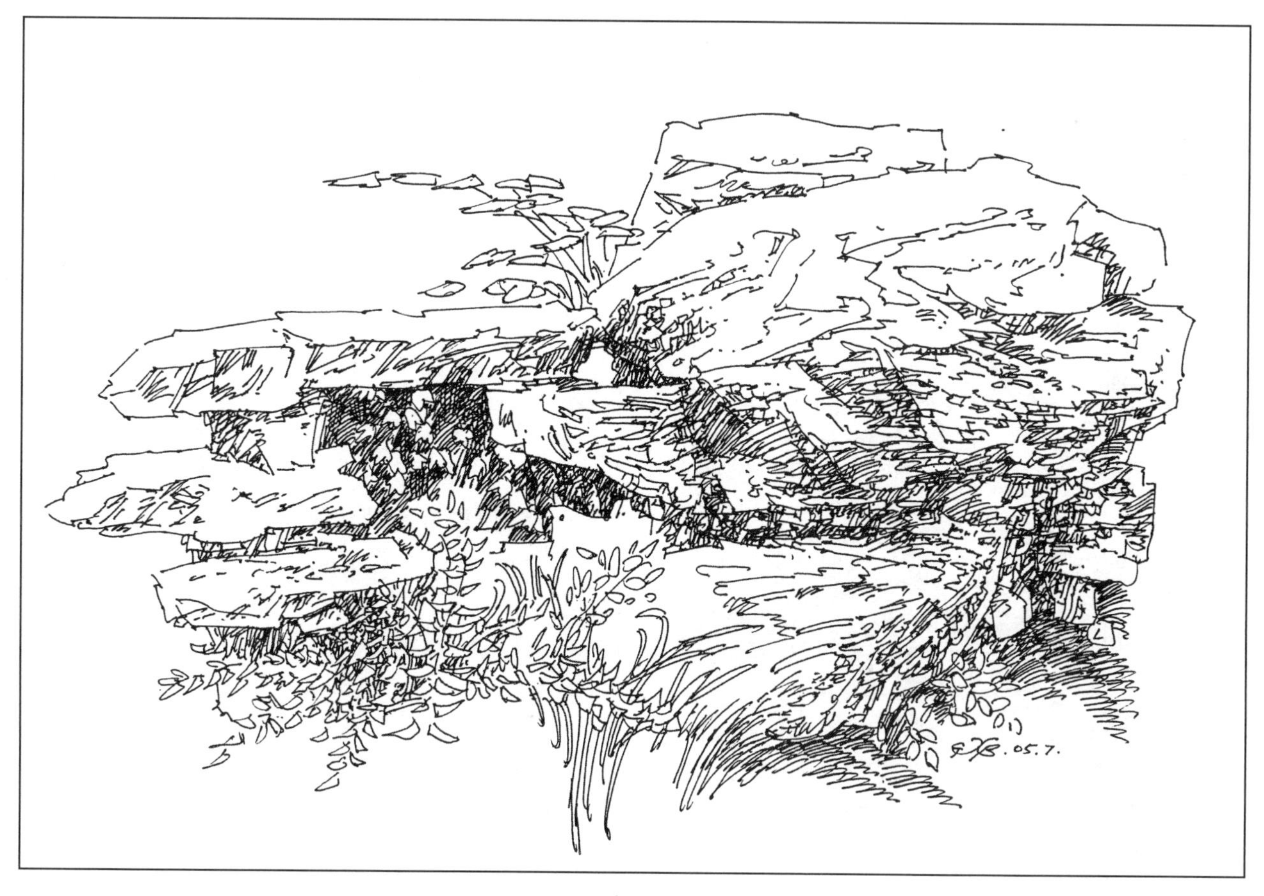

图2–75　青石的石品组合

图2-76　湖石与植物组合

图2-77　石笋与竹

础上，岩石本身再适度地深入刻画。

2.4.3　石品组合的基本艺术形式

石品组合的基本艺术形式为上中下、左中右、前中后三个层次。石山与石品的组合基本依此规律，在上文的一些图中已有所介绍，需再强调的是上下、左右、前后的空间与层次关系。图2-74中三种不同形态之石，由大小不等的石块与石组依此法结合，形态自然而美感较强。图2-75中的石组既有上下关系，又有左右和前后的层次关系，兼有零散植物穿插，是一幅较完整的石品绘画。

2.4.4　石品与植物的结合

（1）*石笋与竹*

前文讲到石笋的特征和画法，在处理与竹子之间关系时，一要注重植物与石笋不同质感特征；二要注意画意构图布局；三要注重画面层次关系（图2-76、图2-77）。

（2）*湖石与竹、青石与草*

湖石与竹即石品与植物共同组成景物，在画面的处理中：

①应注意物体质感的把握，线条粗、细、柔、硬，均直接关系到对象形象的体现；

②通过疏密关系的线条组织，突出大的黑、白、灰关系，以明确物象结构特征和丰富画面语言；

③线的风格把握可根据作者对物象的特征认识和情感理解来确定，不必拘于某一种形式（图2-78、图2-79）。

2.4.5　山脉

山的种类很多，结构与形象又千姿百态，不能一一列举，但大致有石山与土山之分。此处仅举白描一例（图2-80）。

图2-79　石品与植物

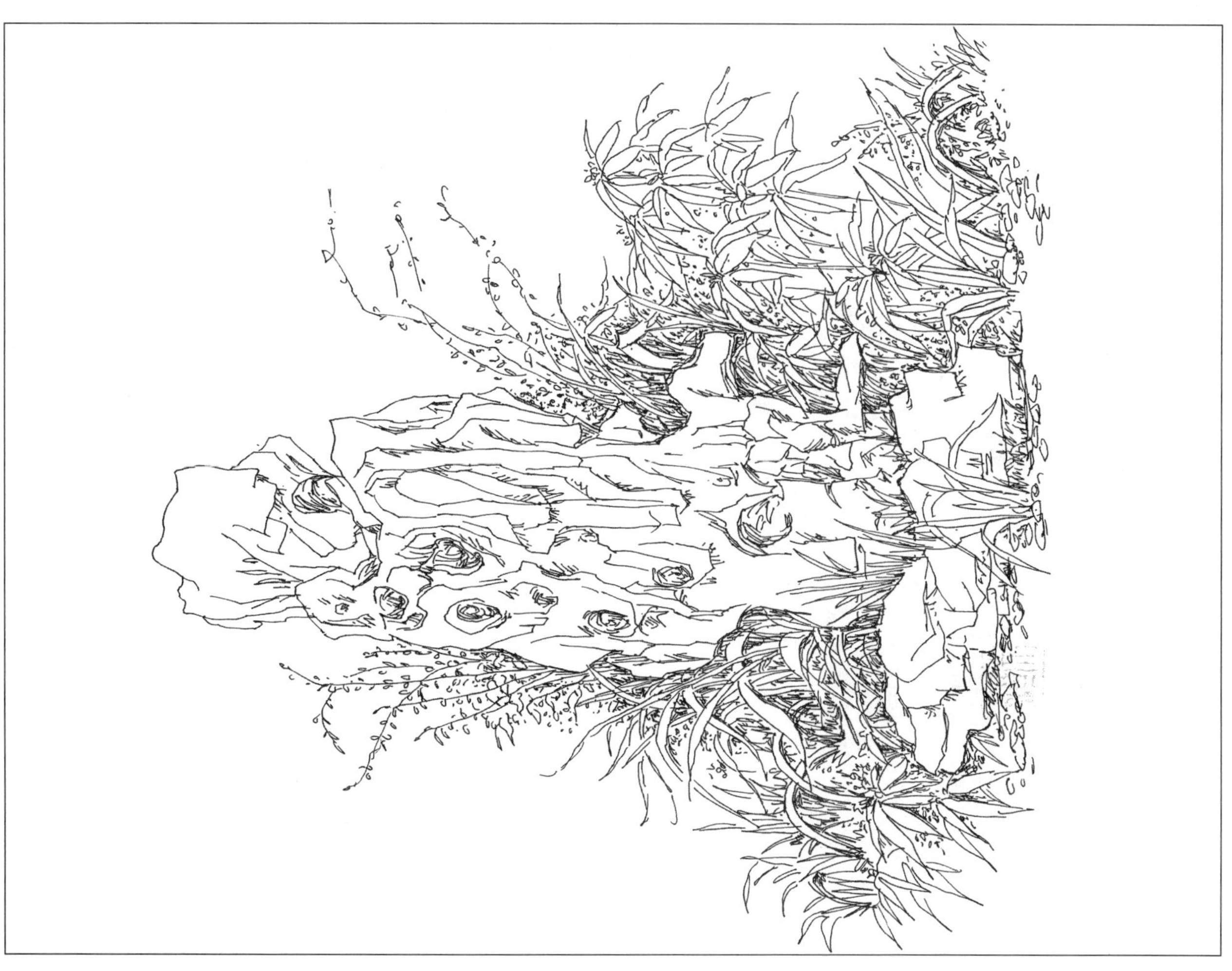

图2-78　湖石与草丛

图2-80　白描山脉

图2-81　单独瀑布

图2-82　一组瀑布

2.4.6　水体

水在特定的自然环境或容器中，才能形成"体"。水体讲的主要是它的形状和外轮廓的不同，如海、湖、河、溪、瀑等。画水体，其实主要是画组成水体外轮廓的山、树、石等具体的事物。大自然中的水体各有不同，变幻莫测，不胜枚举，这里只就绘画中常见的水体做一般描绘。

（1）瀑布

山中有洞，洞上出瀑，水盈而遮，水弱而成帘。植物繁盛，似南方景象。凡流动湍急的水，无周围事物的倒影，白色耀眼。因而以留白为主，垂挂的线条要少而流畅，用背景洞的暗调托出主体（图 2-81、图 2-82）。

（2）溪流

图 2-83 为北方丘陵原野中的河溪，朗日晴天，可见远山，河溪清亮，视野开阔。溪水在原野中缓缓流动，安静而温和，水纹线根据构图需

图2-83　田野上的河流

要画成横向而水平的，并依疏密不同画成大小不等的三组。为白描画法。

（3）跌水

自然跌水（图 2-84）　透过植物，见溪分三跌，上中下三跌水的动向与体态各不相同。水的流动感较大，因而可适度画一些向下流畅的水纹线。

现代人工跌水（图 2-85）　和农业水渠近似，但做得华丽，材质高雅，是人工美与自然美的混合物，并一定要与花草相配。

（4）汀步

现代人工汀步（图 2-86）　表现了某种几何形体与自然形体的冲突，并力图表现人的心理躁动感。在艺术形式处理上以人工为主体，自然植物为客体，体现了某种人本位的现代思潮和情绪。

自然汀步（图 2-87）　山石依山滚落而自然形成，毫不考虑人的需要。形态自然朴实，毫无雕饰感。注意其排列的“之”字形规律，石块的上部切勿画得太平整，否则近似人工。

图2-84　跌水

图2-85　现代跌水渠景

注意两图中水的不同动势与表现手法。

（5）池水

池水一般包含内容丰富，有水、石、植物、小瀑布等。画面必须首先尊重设计者原本赋予景物的特征，通过线、面运用，突出景物特点。同时体现构图和线条的美感，使其成为一幅完美体现自然的钢笔画（图2-88、图2-89）。

（6）现代城市水景局部

西方现代景观中的规则式水景，在画法上采用图、画结合的手法，尺、规与徒手并用，自然形体与几何形体同处，写实与装饰兼具。注意密、疏、留白的对比与衔接，透视为鸟瞰（图2-90）。

西方现代自然式水景，花草、岩石布置得当，自然形态做得很成功，石桥保持斧凿痕迹，人工与自然和谐而统一。

现代城市水景局部写生步骤（图2-91）：

步骤一：从水的物象轮廓入手，注意花草、岩石的层次安排，以及细致与简略之间的对比与过渡。

步骤二：画水纹与瀑布，在此基本为较密的线条而吝啬留白，与上文中的水在线条使用上大有不同，以表现水在阴影下的深色效果。水中鱼简略画而显得活泼轻盈，最后完善周围景物。

图2–86　现代几何式汀步

图2–87　自然汀步

图2-88　池塘

图2-89　水生植物

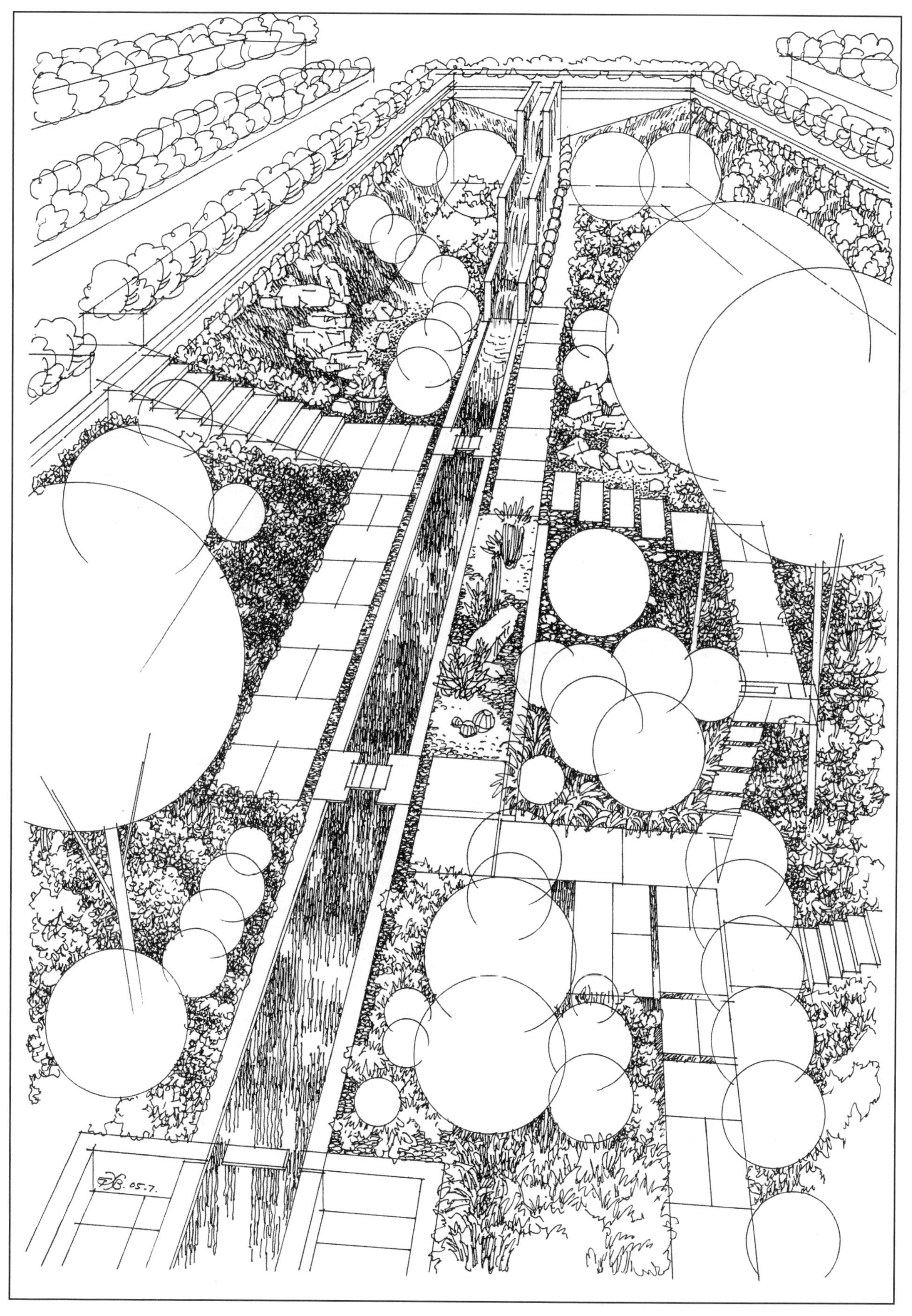

图2-90　现代景观鸟瞰

（1）

图2-91　现代自然式景观画法

（1）步骤一　（2）步骤二（成图）

第3章

园林风景钢笔画的改绘与写生

3.1　园林风景照片改绘

3.1.1　讲授要点

对于园林设计，钢笔画的教学而言（学生入学前基本无美术基础），教学时数一般为 40 学时，在有限的时间和作业量保障上，必须使学生能基本熟练掌握线的规律、特性，并能较好地完成风景钢笔画的写生、创作，进而把所学钢笔画技法运用于设计中，应该承认这的确是一个很艰巨的教学任务，也不太符合艺术教学规律。通过多年的实践，教师们摸索出一条适合本专业学生特点的教学经验，并尽量合理安排。通过基础理论讲授，学生线条练习，在学生掌握基本用线规律后，进行范画临摹，从而过渡到教室内的风景照片改绘，以便教师对学生逐个辅导、修改、示范，加快学生进步的速度，然后方可进入写生、创作阶段。通过多年的教学实践证明，在没有足够时间进行写生练习的情况下，这种教学模式对园林设计类学生的绘画学习是行之有效的。

3.1.2　园林风景照片改绘

（1）园林风景照片改绘（一）

图 3-1 是一幅扬州个园照片。

细细品味这幅照片，除具有中国园林明显特征之外，又不失简洁、大方、明丽的独特气质。

步骤一：

这一步构思与小草图很重要，可以以小构图的形式出现，如作者对钢笔线条掌握熟练，也可在自己头脑里打好小构图。

画面具体采用的手法，必须在该阶段确定下来。作为画者，无论写生还是改绘，首先应具备对所选择景物鲜活的感受与热爱，只有做到这一点，才可能产生创作冲动，也才能找到最合适的表现语言。

步骤二：

根据画者确定的表现手法，先从主要表现部分入手，下笔要肯定（这幅作品先从芭蕉入手）。注意钢笔画与其他工具绘画一样，也会出现错误，但依据钢笔工具的特性，改错只能将错就错、因势利导，不可重复错误之处，那样只能越描越黑、越画越错，这需要平时勤画多练，尽量做到熟练用笔。

图3–1　扬州个园

步骤三：

在定下大的构架基础上，进一步深入刻画。这个过程也是考验画者对绘画知识掌握状况的关键，即如何在绘画的过程中时刻把握大局，以繁托简、以简喻繁（图 3-2）。

方法：以线条为主，针管笔。

画面特点：把握扬州特有园林风格，即清新、雅致。

画法：植物用长而柔韧的线条畅快表现，建筑则以坚挺而短小线条表现。从而在线的表达上形成互补，以达到对立统一，使画面简洁又不显空洞。

图3-2　个园

（1）步骤一　（2）步骤二　（3）成图

（2）园林风景照片改绘（二）——驳岸

图 3-3 同样是一幅园林照片。画面为盛夏苏州沧浪亭驳岸。景物为繁茂树荫下的园林古建筑和小驳岸，通过画面应表现出这一特点。

步骤一：

此步骤为构思与小草图。所谓构思就是看到景物后，画者须在头脑中出现画面完成后的效果，而最终效果通过何种方式达到，这个思考过程即构思。这一步非常重要，如果画者做不到这一点，不可能完成好的作品。

步骤二：

对于这一幅作品首先应确定中景树的姿态和趋势。因为树在这幅画面中决定着整体构图的形式。确定了它的位置，前景的石头驳岸与后景中的建筑就很容易确定。

步骤三：

进一步深入刻画，用不同重度的调子突出画面前、中、后景几个层次；水与门窗的颜色重，石与树的相对淡；使画面节奏明确，繁而不乱（图 3-4）。

画法：线条 + 调子，针管笔。

图3-3　（苏州）沧浪亭驳岸

图3-4　沧浪亭成图

（1）步骤一　（2）成图

图 3-5 为颐和园赅春园的清可轩，这是一处以自然山崖为内墙的奇巧建筑，现仅存部分台基与柱基，情景甚为凄凉。

步骤一：构思与小草图

先思考如何构思与表现，再画小构图。照片中的物象在构图上有了变化：台基往下移，以突出岩石的高大，小树往前移动并加高以表现人工构筑物遗迹与自然的融合，同时，小树也加强了画面的稳定性并以竖线条与岩石呼应。从照片到画面有了艺术处理的改动，因此称为改绘。在整体构图安排上基本以横竖的三三比例布局，当然画熟练后无须如此。此外，要大体上安排好黑白灰与疏密的布局。

图3-5 清可轩（颐和园）

步骤二：

由前至后、由左至右地勾画大形体与外轮廓，线条要软硬兼施，虚实相间，以表现不同物种的不同质感。注意，在此步骤中，画面上加了一段残柱，以突出遗迹的建筑属性。

步骤三：

进一步完整并深入地刻画，何处简、何处繁、何处留白，要考虑好并直接用钢笔完成。注意两种树的不同线条，以及岩石遗迹的不同勾法（图 3-6）。

画法：线条 + 调子，蘸水钢笔。

(1)

3.1.3 自然风景照片的钢笔改绘

注意观察岩石、山体、树木的层次关系和不同的形象特点与质感区别（图 3-7）。

步骤一：构思与小草图

竖构图，以表现岩石的高大气势及树干的动势与美感，在构图中以大的竖线为主干。从照片到构图变化如下：岩石加高，主岩轮廓线拉长并处于构图中心。树干加高并向前景移动位置，右下角小树适度加长枝干与大树呼应。杂乱的树冠基本形成三组，并定下黑白灰的大体位置以突出主角。

(2)

步骤二：

用虚实不同的线条勾好物象大体轮廓，并从

（3）

图3-6 清可轩

（1）步骤一 （2）步骤二 （3）成图

图3-7　自然山石风景

画面最关键的中心部位开始画。要渐次向画面上下左右延伸，争取一遍完成，切勿描摹。

步骤三：

成图。三组树冠有机联系，岩石在留白的基础上适度刻画大小不等的层次。在树荫处要画上细密的线条以衬托树干和岩石，使画面主角突出，配角有序（图3-8）。

画法：线条+调子，蘸水钢笔。

3.1.4　花卉照片的钢笔改绘

大自然的花卉种类繁多，争奇斗艳，万般变化，千种风情。在写生画法上自然多种多样，工笔、写意、白描、调子等均可。花朵线条优美，流畅自然，多画花朵，既可以表现自然的美好，又可把线条历练得柔顺自然、美丽可爱。

图3-9为末花期的花朵，花瓣弯曲，线条扭动而变化加大，花蕊部分成熟饱满，别有意趣，绘画性很强。

图3–8　自然山石风景

（1）步骤一　（2）步骤二　（3）成图

步骤一：小构图

基本画理与画法同上，所不同的只是写生对象变化。要敏锐地抓住此花给予的感受并适当夸张花瓣的形态线条。

步骤二：

用肯定的线条画完画面的主干，花梗部分加长，加强花瓣的扭动感和动势，花蕊部位用密线勾画定调。线条要顺畅肯定，不必在意外形与照片的细微差异，只要画面形象、生动、美观即可。

步骤三：

成图。进一步深入刻画并完成全画。注意花瓣上的线条要顺其长势画，不要过多画呆板的平行交叉调子，叶上的线条也要以叶脉向心辐射的形态刻画出来。要留白，抓住层次，见好就收（图 3-10）。

图3-9　花卉照片

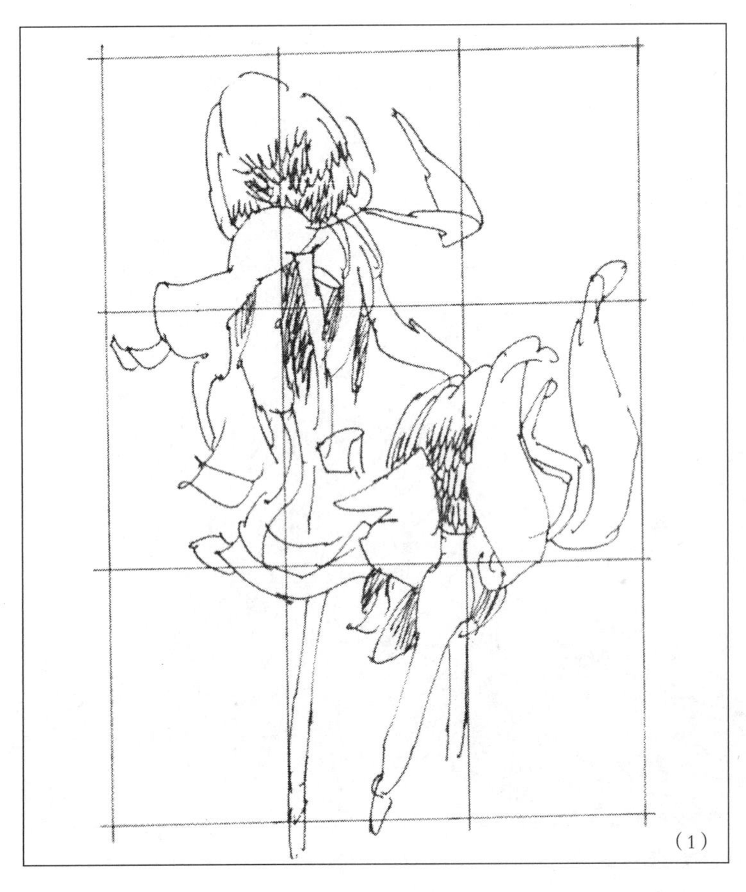

（1）

（2）

图3-10　花卉
（1）步骤一　（2）步骤二　（3）成图

3.2　钢笔风景写生绘画

3.2.1　讲授要点

早在中国山水画开始独立与成熟时期，唐代的张璪就明确提出“外师造化、中得心源”，强调师造化、师自然的重要性。对景写生，强调对自然的感受，向自然学习的理论在中西方的艺术史、美术史上都是重要的内容。写生教学能够更好地总结此前所学的知识，在古典园林写生中提高学生的空间意识，训练学生主动归纳和处理画面的能力，培养学生对于节奏、关系等抽象概念的理解，达到在掌握风景造型基本规律的同时陶冶身心、提高审美感受的目的，弥补室内课堂教学难以达到的学习效果。

学好钢笔画，必须首先学好钢笔速写。学生应从大学一年级的铅笔速写开始，在课余时间尽可能进行速写练习，从简到繁、由易到难，可以从吃饭用的盒、喝水用的杯入手，随身携带一个小速写本抓住学习空余的十分钟、八分钟，随时练习。

钢笔风景的写生安排在钢笔画课程学习的最后环节。也就是说，学生通过前面学习，能够基本掌握钢笔画线条、调子的运用规律，也能较熟练地运用各种工具，在对构图、透视有了一定运用把握能力，对建筑、植物、风景等单体有了较好掌握的状态下，进行民居和园林风景写生练习，以巩固和进一步提高学生对钢笔画的运筹和把握，并在写生中发现问题，找到不足，尽快修正、提高。

风景写生无论在何种画种的学习、训练中都是必不可少的重要环节。绘画水平的提高，审美情趣的培养在很大程度上要依靠写生训练培养。“读万卷书，行万里路”，写生在某种程度上就是绘画的“行万里路”，要想在绘画上有较快提高，必须要积累大量的写生作品。

钢笔风景写生绘画与其他绘画形式一样，首先要求“真”，务必反映对象本质，尊重景物原本存在状态。但任何绘画又都是作者对景物的再创造，故必存在对自然景物的归纳、取舍，并加入很多作者对景物的主观感受，最终使画面真实、生动地呈现给观者。生动是写生作品的灵魂所在，这两点包含了全部的思想性和技术性，是对写生作品最高的要求。在风景写生中，对祖国大好山河产生深深的依恋和自豪感，同时在写生中用艺术的手法表现美丽景观，歌颂美丽中国，培育文化自信。

3.2.2 园林风景写生的构图取景

（1）《早春》写生（图3-11）

步骤一：取景与构图

这是一幅北方园林写生。中国古典园林的美在这个小小角落中体现得淋漓尽致。建筑与山石、与竹自然天成地结合在一起，相辅相成，北方早春的萧条也被清丽高洁的竹子点缀得情趣盎然。

要点为画面基本呈金字塔形构图，但不要画得过于呆板，特别是金字塔顶端不要封死，要有意地识处理得活泼一些，否则画面容易给人“图”的感觉。整体画面边缘部分均要巧妙处理，以完成一幅生动的园林写生作品。

步骤二：

这幅作品首先确定青石的外在轮廓和大致结构，而后确定与建筑相交处的竹叶（由于竹子基本用飞白的方法处理，故需确定位置，保证留白处形体的准确）。

步骤三：

着重画与石、竹相交的中景建筑结构，严格注意结构与透视。

步骤四：

首先，进一步深入刻画建筑，运用以繁托简、以简喻繁的方法明确画面的黑白灰关系；其次，完成后景中建筑构造，注意线条要放松，在视觉上使景物推到后面，增强空间感；最后，整理整体画面，使其左

（1）

（2）

（3）

图3-11 《早春》
（1）步骤一 （2）步骤二 （3）成图

右平衡，生动精巧。

画法：线条＋调子，针管笔。

（2）《怡园一角》写生（图3-12）

步骤一：取景与构图

在风景写生绘画中，如何取景是首要问题。自然界丰富也纷杂，如何在缤纷的景物中确定所要画的景物，同时尽量符合钢笔画特点要求，这需要画者首先具有敏锐的、能捕捉景物实质的眼力，其次要具有一定的艺术特质去发现对象并能产生创作冲动。这样加上平时训练有素的手法，方可完成一幅写生作品。钢笔画的构图应该是构在头脑中，真正落笔时已做到胸有成竹。

这是一幅苏州怡园的写生，弯曲的回廊与春天婀娜的小树共同形成了一处幽静、柔美的情境，使人能够从一个更加平和的角度去品味中国私家园林之美。

构图上建筑占了画面2/3左右，而右侧小树显得轻松、柔弱，但处理上它占据画面高点，这样画面便感觉均衡、舒服。

步骤二：

先从建筑主体入手，严格注意建筑透视与结构，否则这幅写生必定失败。画面中心内容完成后，再完善其他景物。

步骤三：

建筑大的框架完成以后，开始画右面的植物。树从下面的树干画起，向上延伸，一定要注意树形和生长姿态，树的画法在前文已有介绍。写生更要注重整体、概括的理念，不可一味描摹，要让物象为画面服务，并始终把握住一点——任何物象均是组成画面的部分。

这幅写生中，注意把握建筑结构的硬朗与小树婀娜多姿的柔美相互衬托。

步骤四：

进一步深入刻画建筑细部构造，而后调整周围景物，把握好最终完成的“度”。这个度的把握需要画者在多练习的前提下，多看多临佳作，提高自身审美情趣。

画法：线条＋调子，针管笔。

3.2.3　现代城市景观写生的构图取景（图3-13）

步骤一：取景与构图

在风景写生绘画中，如何取景是首要问题。写生的取景，首先，要求画者应具有最起码的对美的感受力，要有较敏锐的感觉。其次，要有一定的综合概括和组织风景物象的能力，并要在较短的时间内完成画面内容的基本构思。

构图要点：

一是要有取有舍，取美感最强并且是画者感兴趣的风景事物，舍去凌乱的、不美的、有碍画面效果的杂乱事物。

二是取画者所需，如图3-13所示，虽在构图以外，但有助于表现构思与主题的美好事物，可以有选择地引入画面构图。

三是在写实性的风景写生中，构图的基本原则应

（1）

（2）

图3-12 《怡园一角》写生

（1）步骤 （2）成图

遵照不对称的均衡方式进行。其他具体画法同照片改绘的构思构图。

步骤二：

这是现代园林中的一件抽象雕塑，从最重要的主体物象入手，一上来就抓住最主要的物象，使画面主题明确突出，其他物象随之而来。

步骤三：

在这一步骤中，主体雕塑暂时不画，先大部留白。将背景与周围的物象概括地画出，使整体画面趋于完整。要认真画出花台及各种植物的材质与特点，这样不同形象与不同线条组合成的环境物象既丰富统一，又衬托了主体。

步骤四：

进一步深入刻画并统一调整。背景内容的丰富积累程度与深入细致的程度，以及花草细节的刻画，都要看其能否较生动、活鲜并烘托主体。最后在雕塑上概括地画些细部或阴影即可。

画法：线条＋调子，蘸水钢笔。

3.2.4　自然风景写生的构图取景（图3-14）

步骤一：

取景构图、基本要点上文已叙，在此介绍利用景物现成的直线作为取景框边线。其道理与园林中的框景一样，都是利用建筑门、窗、廊及洞穴等景物现成边线为取景框的边线。

当然，这些现成的景框仍有一定的局限性，它们是相对固定的，是不能移动的。而手指景框却可以随人到处走动又时刻使用。

如图 3-14 所示，有时将近处建筑边线作为景框一部分，并与手指配合，就自如得多。实际上，这也是一

（1）

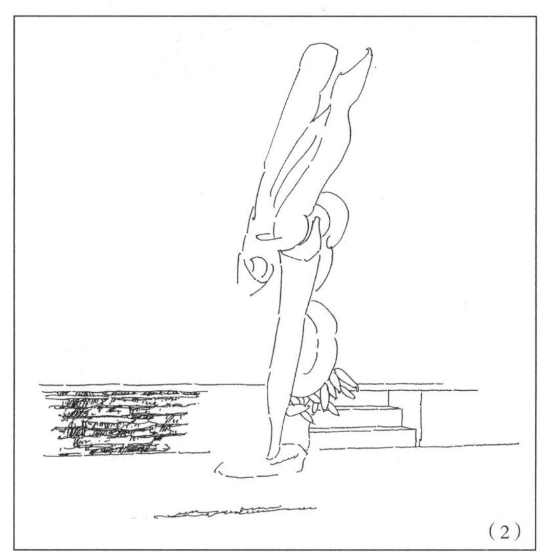

（2）

（3）

（4）

图3-13 现代城市雕塑景观写生

（1）步骤一 （2）步骤二 （3）步骤三 （4）成图

个取舍的问题，近处建筑虽舍去，但其边线却可利用。

步骤二：

使用三棵椰树的位置与大身材的竖线条，确定了整个画面的大结构和下一步的构图走向。

步骤三：

近景树趋于完成，最高树的主枝动势已画出，使画面构图更加完整，远处小民居的横线条起到了联系与平衡的作用。

步骤四：

将远景树的叶团相对密画以衬托主体。高树枝叶的背景是天空，自然留白，其枝叶双勾，并注意向心辐射的形态特点。细枝末节一定要去掉，并着意刻画叶团的上下与前后的空间层次。

画法：线条为主、调子为辅，蘸水钢笔。

(1)

(2)

(3)

图3–14　海南民居风景

（1）步骤一　（2）步骤二　（3）步骤三　（4）成图

3.2.5　民居风景写生的构图取景（图3-15）

黟县民居在中国民居中是极具独特魅力的民居形式。这幅写生作品是阳春三月的安徽黟县一民居外景，高低错落的马头墙与枝头绽放的花朵共同营造了一幅古宅新春的温暖情境。古宅形式美丽又相对封闭，具有典型徽州民居特征。

步骤一：取景与构图

这幅构图采用不对称形式，从左至右似长卷展开。画面从马头墙最高处入手，逐一展开。

步骤二：

确定植物的外缘轮廓和基本枝条姿态，进而确定院墙的大致结构。

步骤三：

进一步深入细部，把握画面特点，使画面上下、左右均衡、舒服。

画面特点：线条肯定、简洁，体现白墙黑瓦的建筑特征美。

画法：以线条为主，针管笔。

图3–15　南方民居

（1）步骤　（2）成图

3.2.6 花卉写生

（1）花束写生（图3-16）

步骤一：构思与构图

花束不是某种花卉的一枝独秀，而是更多地与其他植物甚至丝带等饰物共同组成的一件艺术作品。因此在注重花卉自身美的同时，应重点关注花束整体造型的美感和各种植物或饰物组合起来的形式美。首先用心体会花束创作者的原始创作意图，并尽可能在画面中得以体现。然后在头脑中设计所要选择的角度，可以用笔简单确定花束的轮廓和姿态，确定重要角色的位置。

步骤二：

先从花束主体入手。这幅作品中以月季线条开始落笔，线条要求肯定、顺畅，花蕊娇嫩、有趣。总之，抓住各自不同特点，可适当夸张其特点。

步骤三：

确定花束整体动态线。可先画周围植物伸展出的几个长枝条，植物具体画法在前文已有详细介绍和示范，在此不再重复。

步骤四：

进一步深入刻画，可根据周围植物特征勾画一些

（1）

（2）

图3-16 花束

（1）步骤 （2）成图

调子，但绝不是一味平铺调子，而是与植物结构紧密的密集线条，有目的地组织出前后关系，同时表达植物丰富的色彩变化。

画法：线条 + 调子，针管笔。

（2）花群写生（图3-17）

花群可人工摆设，也可以是野趣盎然的自然景观。图 3-17 是一组自然花群写生作品，作品内容丰富，有紫色花卉、绿色阔叶植物等，由很多植物共同组合成一幅造型完整、姿态优美的花卉钢笔线描作品。

步骤一：

在野外自然景物中完成一幅花群写生，首先遇到的问题是如何取景、构图。构图难在如何取舍。前文讲述过的“写生”必须在自然界复杂的景物中敏锐地捕捉到画者想画的部分，并做大量的删减。在花群写生中这个问题尤为突出。此处大胆取舍，适当强调夸张是必不可少的。如无把握，可勾小构图做参照。

步骤二：

这幅画可先从前景阔叶植物入手，勾几条大的结构线，确定后面顶部紫色小花。再推出中间部分长线条的叶子，特别要注意叶子的前后层次，不要让线条穿插，那样会使画面感觉粗糙，不耐看、不精致。

步骤三：

进一步深入刻画，在调整大的明暗关系时，有意识地刻画出前、中、后景。这幅作品运用了点、线、面的不同处理方法，更好地表现植物不同的质感特征。中景长叶子的线条肯定、有力度；前景阔叶植物线条柔韧、疏畅，弯曲有度；后景线条轻松、断续，不同线条特征共同组成一幅丰富多彩的花群写生作品。

画法：线条 + 调子，针管笔。

（1）

（2）

图3-17　花群

（1）步骤　（2）成图

学生作品讲评

4.1 照片改绘

▲ 作　　者：刘效宇（北京林业大学）
教师点评：这张希腊帕特农神庙的钢笔画是运用西方古典建筑画的表现手法较为成功的范例，尤其是石头形态和体积的表现十分精彩。

▲ 作 品 名：《现代日式园林景观》
作　　者：冯冰（北京林业大学）
教师点评：这张钢笔画对景物质感的刻画十分精彩，木质的房屋、植物、石头均表现得十分到位，尤其是石头的刻画，细腻准确、层次丰富，且对照在石头上的光线也给予了恰到好处的表现。画面的空间感稍弱，各景物间应进一步加强黑白灰关系以凸显空间层次，建筑结构的交代也应再明确清晰些。

▲ 作 品 名：《古典园林》
作　　者：唐堃（北京林业大学）
教师点评：这是一幅精彩细腻的园林钢笔画。扎实的素描功底、敏锐的观察能力、准确的表现能力，无疑使它成为学生作品中的佼佼者。作者运用素描的手法将空间层次表现得丰富多样，画面光感十足，园林景物的不同形态、质感也表现得准确细腻。不足是水中倒影表现得稍过清晰，水纹的形态也有待改进。

▶ **作　　者**：高嘉阳（北京林业大学）

教师点评：线条肯定，描绘细致，层次清晰。不足之处在上半部构图中，房屋趋势线与远景树木趋势线重复，缺乏变化。

▼ **作　　者**：蒋晓燕（北京林业大学）

教师点评：创作态度认真、踏实，建筑和大面积的植物结合较好，应注意植物形态及适当留白。

▶ **作　　者**：王青卓（北京林业大学）
教师点评：画面简淡平和，别有意趣。左侧植物的白描用线生动，不足之处是右侧植物的层次感稍差。

▼**作　　者**：蒋晓燕（北京林业大学）
教师点评：植物错落、形态丰富，疏密关系较好，应注意叠石的质感刻画以及透视关系。

▲ **作 品 名**：《长白山风景》
作　　者：唐坤（北京林业大学）
教师点评：这是一张图片改绘钢笔画。学生具有扎实的素描基础，能够熟练地运用素描手法表现景物。画面中光影的丰富变化以及山石、沙土、水体、植物的质感表现细腻准确，不失为精彩的习作。远景的处理较精彩。不足之处是前景的空间层次稍弱，尤其是水边的树与后面的土坡之间的空间处理有待改进，树因处于近处也应当予以较多的刻画，以强调景物的前后空间。

▲ **作 品 名：**《古柏塔影》
作　　者：杜实（北京林业大学）
教师点评：优点为构图合理完整，黑白灰对比明确，过渡自然，形象的形体透视准确，笔法深入细致，美感很强。缺点是门内塔下建筑稍显不明。

▲ **作　　者：**王小翠（北京林业大学）
教师点评：这张钢笔画对水体以及水中倒影的描绘值得参考，水面与河岸以及水生植物群落所形成的平面与立面的空间关系表现十分到位，体现出河岸郁郁葱葱、生机勃勃的景象。

▲ **作 品 名：**《艺圃》
作　　者：潘亦佳（北京林业大学）
教师点评：画面取景较好地体现了中国古典园林的独特美感。建筑、水体、山石、植物的表现都十分到位，不同种属的植物也恰当地刻画出独特的形态美感。画中景物的主次关系应再明确些，空间感也有待加强。

▲ **作　　者：**胡一旻（北京林业大学）
教师点评：这张须弥灵境冬景的钢笔画较好地运用黑白关系表现出冬日冷寂的氛围，建筑、植物的表现手法严谨细腻、坚实有力。冬景植物的描绘难度较大，这张作品的表现较为成功，值得借鉴。

▲ **作　　者：**刘家琳（北京林业大学）
教师点评：作者以流水别墅为表现对象，运用素描的表现手法，画面空间感强，层次清晰且丰富，明暗关系准确，笔法细腻，细节深入。

▲ **作　　者：**高舒凡（北京林业大学）
教师点评：构图选景别有意趣，将建筑的调子和植物的线条勾勒巧妙结合，对比中有统一。

▲ **作　　者：**关南希（北京林业大学）
教师点评：构图完整，建筑暗部调子与山洞石室的暗部调子两相呼应，画面整体黑白对比得当。不足之处是天空处理略满。

▲ **作 品 名：**《颐和园谐趣园寻诗起步》
作　　者：佚名（北京林业大学）
教师点评：这幅钢笔画作品较准确地描绘了颐和园谐趣园“寻诗径”局部风景中“寻诗起步”的意境效果。植物、建筑、地形表现全面，刻画细致，创作态度认真，是一幅好作品。不足之处是还要注意卷棚歇山四周出廊古建基本结构的正确性。

◀ **作　　者：**佚名

教师点评：这是一张描绘路边街景的钢笔快速表现，线条坚实有力，黑白关系处理得恰到好处，将一组较为杂乱的景物组织得层次分明、严整有序。

▼ **作　　者：**洪泉（北京林业大学）

教师点评：学生在具备了较好的细致刻画功力的基础上，应当进一步掌握快速写生的能力。这是一幅精彩的钢笔速写习作，在较短的时间里，画者对建筑、植物、山石、水体均给予了较准确的刻画，各种景物的特点也表现得较到位。

水中倒影的刻画过于清晰，稍显喧宾夺主。水纹形态的描绘也稍欠缺。

▲ 作 品 名：《颐和园排云殿鸟瞰》
作　　者：陈姗姗（北京林业大学）
教师点评：这是一幅较出色的鸟瞰钢笔画，整体景观的透视和体量关系表现得较为准确，不同的景物也运用不同的笔法予以较为准确的刻画，同时也强调了光影的变化来增强空间关系和景物的体量感。景物之间的层次感稍弱，黑白灰色调关系的处理尚有待改进，细节处景物的透视关系也有待精确。

▲ 作　　者：秦小萍（北京林业大学）
教师点评：画面构图完整，层次明晰，以线条为主要表现手法，但应注意月亮门的建筑形态及透视关系。

▲ 作　　者：关南希（北京林业大学）
教师点评：构图完整，线条运用熟练、肯定，植物疏密关系留白巧妙，水纹线条的处理放松、有意味。

▲ 作　　者：何茜（北京林业大学）
教师点评：以垂柳作为前景，构图巧妙活泼，水体、叠石、建筑层层递进，有很好的节奏感，整体画面处理繁简得当、笔法熟练。

▲ 作　　者：杨亦松（北京林业大学）
教师点评：整幅画构图完整，内容丰富翔实，建筑形态严谨、黑白灰清晰。不足之处是画面物体之间的主次关系不够明确，稍显面面俱到。

▲ 作　者：蔡宇（北京林业大学）
教师点评：线条熟练肯定，画面层次清晰，黑白关系明确。构图有特色，画面四个边角的处理灵活且有变化。

▲ 作　者：关南希（北京林业大学）
教师点评：画面构图饱满，前、中、远景内容丰富，给人以“游览”的视觉享受，左侧山石和植物结合较好，轻松写意，但应注意景物间的层次和空间感。

◀ 作　　者：马亚男（北京林业大学）
教师点评：利用月亮门透景，给人以空间的延伸感。画面饱满，植物丰富，处理细致，留白和调子运用得恰到好处。

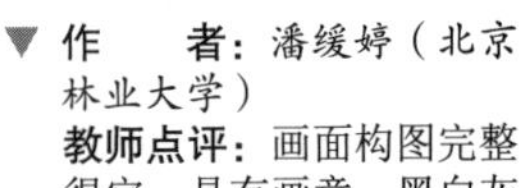

▼ 作　　者：潘缓婷（北京林业大学）
教师点评：画面构图完整得宜，具有画意，黑白灰关系明确，用线娴熟洒脱，线条富有韵味，是一幅钢笔画佳作。

作 品 名：《南园古亭》
作　　者：彭灼（北京林业大学）
教师点评：这是一幅针管笔风景改绘作业。
优点：作品构图完整，线条运用自如、顺畅，明暗关系处理得当，特别是建筑暗部处理较有特点，既有结构又体现黑白灰关系，与周围植物相互衬托，形成画面特有风格。
缺点：远景与建筑相交处处理过于死板，应注意用笔的虚实变化。

▲ **作　　者**：黄舢（北京林业大学）

教师点评：这幅花架门廊的钢笔画，较好地表现出攀缘植物和灌木丛的形态特征，黑白色调的运用较好地体现出光影斑驳的效果，以及门廊的空间感和立体感。

◀ **作 品 名**：《网师园冷泉亭》

作　　者：何弦（北京林业大学）

教师点评：这是一幅用美工笔完成的园林风景改绘作品。

优点：画面黑白灰分布合理，有一定表现力。

缺点：建筑结构不准确，地面结构有小问题。

▲ **作　　者：**黄舢（北京林业大学）

教师点评：这张快速表现的线条造型具有一定的表现力，不同质感和形态的线条较好地表现出不同景观的形态特征以及立体空间效果。建筑的比例结构稍弱。

▶

作 品 名：《苏州水乡》

作　　者：牛铜钢（北京林业大学）

教师点评：这是一幅以线条为绘画语言的钢笔风景改绘作品。

优点：作品以线造型，线条较为顺畅、明确，窗门表现趣味性好。

缺点：线条不够肯定，有些软，植物、水表现不够好。

▲ 作　　者：王清兆（北京林业大学）
教师点评：园中小景构图合理，建筑结构明确，树与石的线条使用得当。要注意建筑前后之间的层次和绘画的比重，后排建筑虚实略显欠缺、呆板。

◀作　　者：吴楚悦（北京林业大学）
教师点评：画面生动，富于生活情趣。用线肯定，造型准确。

▲ **作　　者：**肖遥（北京林业大学）
教师点评：以建筑为主体，中心突出，笔法独具个性，以线带面，明暗关系处理得当。

▲ **作　　者：**田峥（北京林业大学）
教师点评：整幅画构图完整，内容丰富，建筑形态严谨突出，植物线条活泼流畅，与严谨的古建形成鲜明的对比；不足之处是古建屋顶太重，匾额太亮。

▲ **作　　者：**张亚琪（北京林业大学）
教师点评：画面结构严谨，线条肯定且放松，构图稍显左重右轻。

▲ **作　　者：**王奕林（北京林业大学）
教师点评：画面内容丰富，刻画深入。前后空间层次没有拉开，稍显琐碎。

4.2 写 生

▲ **作 品 名**：《早春》
作　　者：陆瑶（北京林业大学）
教师点评：

优点：作者在写生过程中，敏锐地捕捉到纷杂景物中这一生机盎然的植物与篱笆组合，石榴树很好地衬托着前面绿色灌木，灌木又调皮地与篱笆相互捉着迷藏，而后面隐约露出的窗格又向人娓娓道来——这是一户热爱生活人家的后院……画面构图较有特点，符合内容要求，黑白灰关系处理得当，线条认真、肯定。

缺点：石榴树上端的线条应放轻松些，没有很好地体现初春树木枝干的轻盈状态。

▲ **作　　者：**张博阳（北京林业大学）

教师点评：

优点：稍带仰视的颐和园湛清轩写生，取景有趣，画面建筑和植物松紧有度，线条运用自如，明暗关系处理得当，前后关系明确，建筑与植物相互衬托。

缺点：画面前方石头主次疏密有待考虑，左下角三角形画面可省略。

▼ **作　　者：**刘岚菲（北京林业大学）

教师点评：

优点：颐和园湛清轩写生，画面黑白对比强烈，建筑刻画细腻，植物形态各异。

缺点：画面过于浓重，缺少中间调子，右边树干颜色过重，右上角叶子太实，虚实关系考虑不周。

◀ 作　　者：曹靖（北京林业大学）
教师点评：画面主次分明，线条疏密得当，描绘准确细致，富于生活情趣。

▼ 作　　者：佚名（北京林业大学）
教师点评：
优点：这是一幅满构图的画，画面细致饱满，前面植物枝干富有张力，房屋透视正确。
缺点：整幅画面略显拥挤，建筑虚实有待改善，植物层次略显凌乱，主体不突出。

▲ 作　者：赵刚（北京林业大学）

教师点评：

优点：这是一幅很潇洒的颐和园写生，画面重点突出，虚实较好，画面感强、富有动感，黑白灰关系明确，尤其石头留白恰到好处，笔法很生动。

缺点：植物叶片分布太均匀，描绘手法太单一。

▼ 作　者：李倩宇（北京林业大学）

教师点评：选景别有情致，以建筑间植物山石组成的缀景为视中心，具有美感，活泼生动。

▲ 作　　者：姚亚男（北京林业大学）

教师点评：

优点：这幅谐趣园写生画面刻画仔细、认真，建筑与植物及水之间的前后关系明确，画面植物特点鲜明。

缺点：画面松树和水面的处理显得生硬，石头体积塑造稍弱，建筑后面的植物压得太实，没有虚实变化，水画得过黑，驳岸略显死板。

▲ 作　　者：丁然（北京林业大学）

教师点评：

优点：园中一角，构图合理，较好地体现了对象特征，古建刻画细腻。

缺点：绘画右上角柳树枝干关系不明确，植物绘画手法单一，石头前后虚实雷同，水面质感稍弱。

▲ 作品名：《静谧》
作　者：施菁菁（北京林业大学）
教师点评：
优点：这是一幅恭王府写生，整幅画的植物种类丰富，表现手法多样。
缺点：主体建筑不突出，刻画不够细致，整幅画略显混乱，前后空间层次不明确。

▲ 作　者：刘玮（北京林业大学）
教师点评：
优点：整幅作品刻画细致认真，重点突出，尤其是建筑刻画精彩，形态透视准确。
缺点：图中右上角柳树干有些喧宾夺主，建筑的虚实可再明确，前面一堆石头布局可进一步提升。

▲ 作　　者：仇银豪（北京林业大学）
教师点评：运用路面的延伸给人以空间感受，调子和线条相结合，用笔干脆利落。

▲ 作　　者：仇银豪（北京林业大学）
教师点评：构图完整，建筑比例得当，疏密安排合理。

▲ **作 品 名：**《谐趣园写生》
作　　者：黄东梅（北京林业大学）
教师点评：这是一幅谐趣园写生作品。
优点：作品构图完整，疏密有度，内容丰富，较好地体现了对象的整体样貌和建筑特色。
缺点：廊后面树干的处理，建筑后面松树的处理均显死板。应注意虚实相交处，不要全部压死。

▲ 作　　者：孙帅（北京林业大学）

教师点评：

优点：这幅谐趣园写生画面安排合理，构图完整，植物表现准确，有较强的美感，重点突出，各个物体之间关系明确，描绘细致。

缺点：画面重量向右倾斜，右后边建筑刻画太实，水中浮萍稍平均无序。

▲ 作　　者：郭湧（北京林业大学）

教师点评：

优点：此画重点突出，画面层次分明，黑白关系强烈，画中植物丰富，房屋与植物穿插合理。

缺点：塔的结构不太准确；前景小亭即将沉入水中，感觉不适；中景植物手法单一。

◀ **作　　者**：顾荻（北京林业大学）
教师点评：线条排列有特点，前景树以剪影方式表达，别具一格。

▼ **作　　者**：仇银豪（北京林业大学）
教师点评：将建筑、水体、植物群落、山石、地面都很好地统一在画面中，各居其位、各得其所，画面张弛有度，笔法熟练。

◀作　　者：刘通（北京林业大学）
教师点评：
　　优点：这幅笔触轻松的校园写生构图完整，植物种类丰富多样。
　　缺点：画面层次要分明，主体建筑要重点突出，注意前后空间关系及植物和主体之间的疏密关系，植物的种类要明确。

▲作　　者：王清兆（北京林业大学）
教师点评：
　　优点：这是一幅树石组合的画，构图有意趣，线条有特点，各个物体的形态表现较为准确，画面丰富、重点突出，石头及松树体态颇有美感。
　　缺点：石头周围植物略显凌乱，主次需再强调，分界需再清晰。

▲ **作 品 名**：《安静的春天》 2019年首届“鲁本斯杯”全国大学生园林美术作品大奖赛 速写类三等奖
作　　者：潘斯韵（北京林业大学园林学院）
教师点评：作者对于画面有较强的节奏把控能力，重点突出且塑造手法十分丰富，黑白相衬、繁简相托的运用是这幅画成功的精髓，值得学习与借鉴。

▲ **作 品 名**：《望水乡》 第四届全国高等学校建筑与环境设计专业学生美术作品大奖赛 速写类优秀奖
作　　者：穆燕宁（北京林业大学园林学院）
教师点评：画面清晰，主次明确，建筑与植物的表现方式做了区分，增强了画面的空间与节奏感。

▲ **作　　者：** 王千（北京林业大学）

教师点评：

优点：这是一幅西泠印社的写生，画面笔法自然生动，重点突出，是一幅特写。

缺点：画面左上角树木处理过于草率，植物与石头的描绘手法一致，导致区分不清，落款也是画面的一部分，需要好好考虑，右下角的“禅”字更显突兀。

▲ **作　　者：** 王千（北京林业大学）

教师点评：

优点：画面黑白对比强烈，疏密有致，形体透视准确。

缺点：塔略微倾斜，台阶前后虚实相同，两节阶梯像复制一样缺乏变化，树的刻画欠缺。

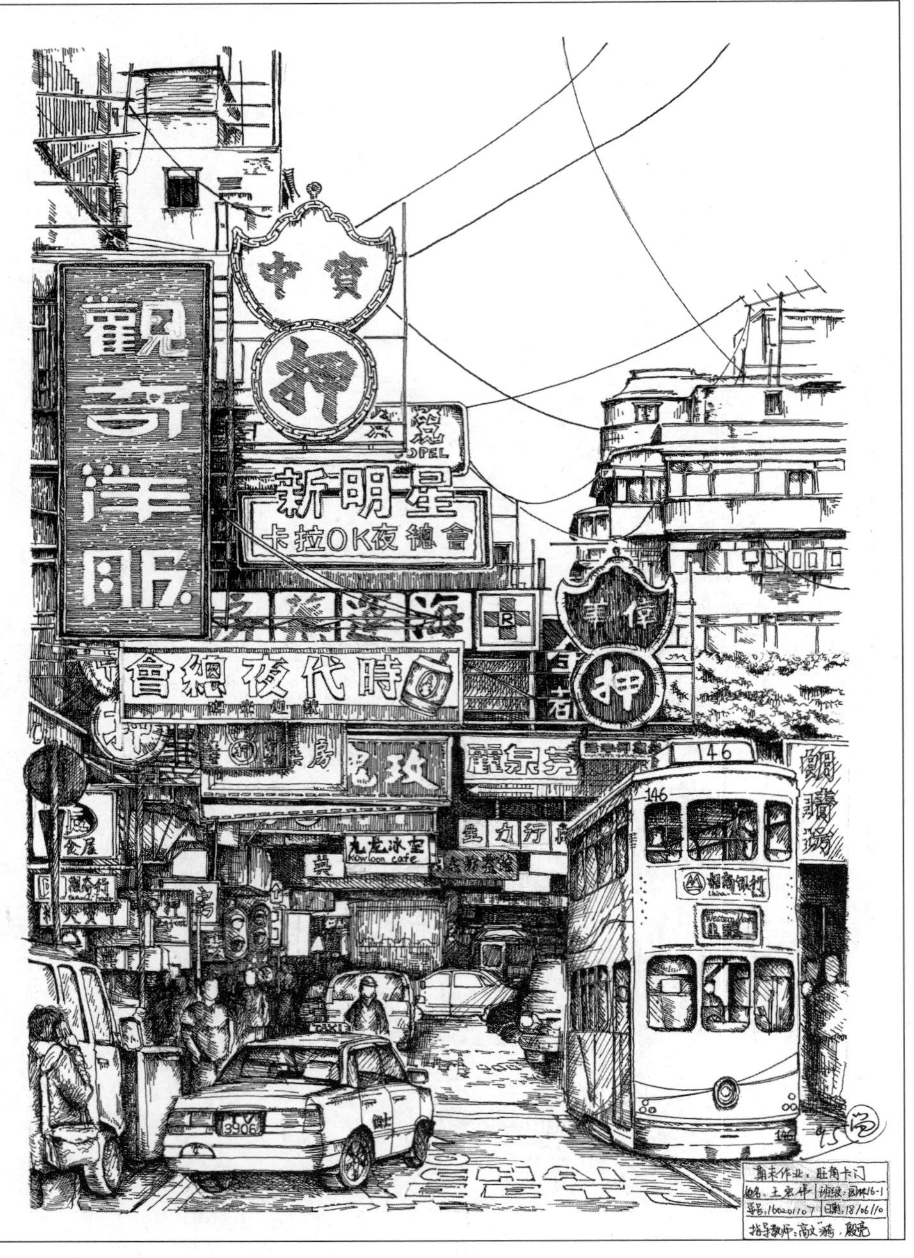

▲ **作 品 名：**《旺角卡门》　第五届全国高等学校建筑与环境设计专业学生美术作品大奖赛　速写类一等奖
作　　者：王宏伟（北京林业大学）
教师点评：作者采用较理性的方式处理广告牌，符合香港街道特征，多而不乱，黑白关系控制较好。不足处是下方人物与车辆的表达过于烦琐且结构存在问题。

▲ **作 品 名：**《水乡人家》　第五届全国高等学校建筑与环境设计专业学生美术作品大奖赛　速写类三等奖
作　　者：刘开颜（北京林业大学）
教师点评：这幅作品在构图上将房屋、道路、石阶、船只、植物围合成一个圆形，将丰富的画面串联起来，细节刻画深入，在远树、墙砖的处理上用力稍显平均。

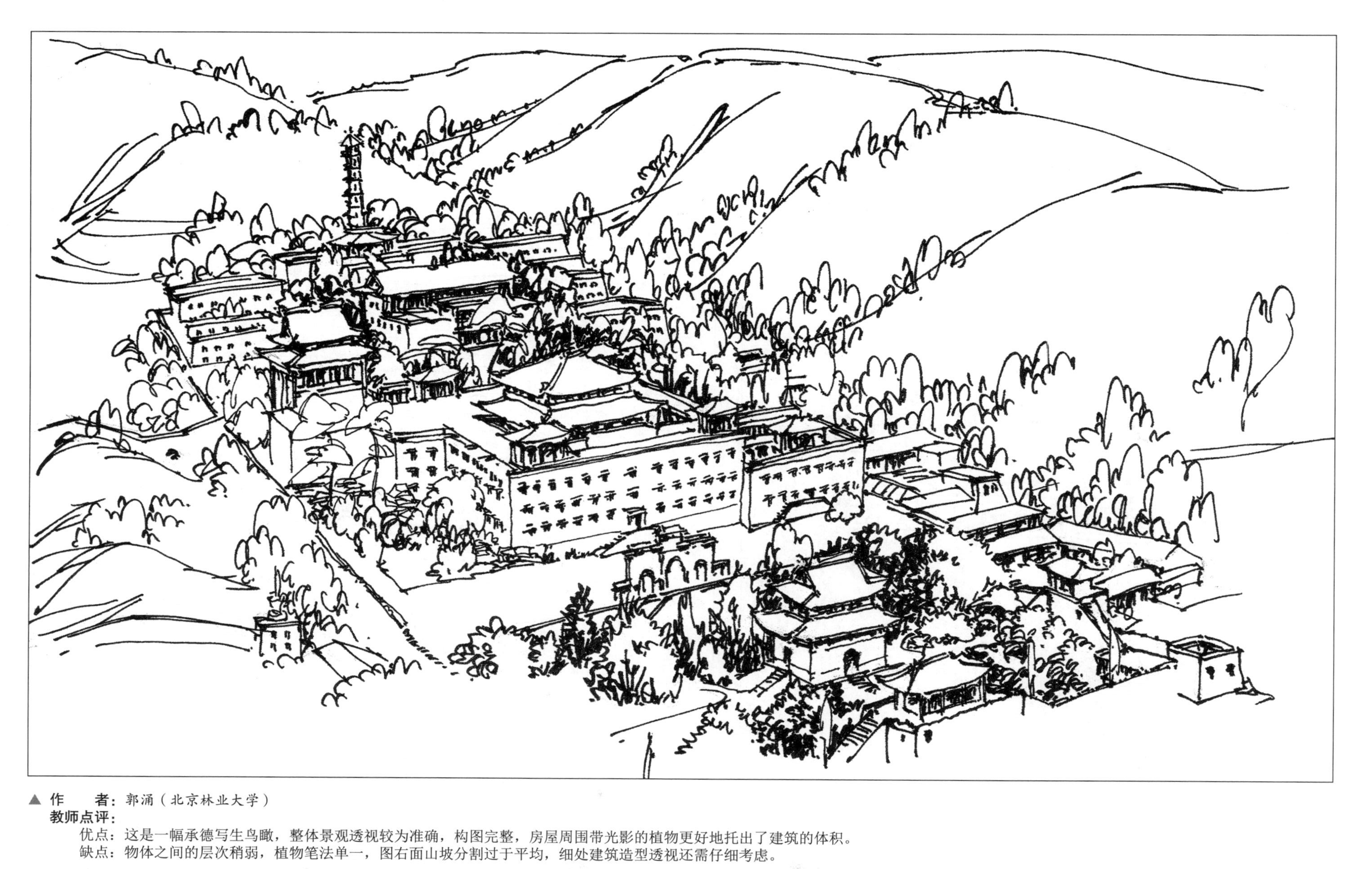

▲ 作　　者：郭涌（北京林业大学）

教师点评：

优点：这是一幅承德写生鸟瞰，整体景观透视较为准确，构图完整，房屋周围带光影的植物更好地托出了建筑的体积。

缺点：物体之间的层次稍弱，植物笔法单一，图右面山坡分割过于平均，细处建筑造型透视还需仔细考虑。

▲ **作　　者**：佚名
教师点评：这是一幅仰视画面，用了极其简略和流畅的笔触概括，画面轻松，风格强烈、活泼有动感。缺点是画面左上角树与石之间的质感应更明确。

▲ **作　　者**：王清兆（北京林业大学）
教师点评：
优点：“S”形构图，画面合理完整，刻画细致。
缺点：桥的位置分布得太靠中间，显得呆板，缺乏虚实变化，桥头的树木画得太实，水中倒影有些死板平均，建筑后面不完整。

▲ **作　　者：**仇银豪（北京林业大学）
教师点评：构图巧妙，墙体的大面积留白与植物形成视觉对比，窗户的处理很有趣味，整体颇具传统中国画意境。

▲ **作　　者：**佚名
教师点评：构图完整，左右两侧树干形成框景，颇具意趣，疏密关系处理恰当有序，笔法老练，生动有画意。

▲ 作　　者：顾嵚（北京林业大学）
教师点评：取景独特，视觉冲击力强。疏密安排合理，细节刻画深入。

▲ **作 品 名：**《扬州·个园·趣记》 第五届全国高等学校建筑与环境设计专业学生美术作品大奖赛 速写类优秀奖
作　　者：韩蒙（北京林业大学园林学院）
教师点评：构图完整、细节丰富，黑白灰色调安排较得宜，线条和调子结合处理妥当，笔法细致有变化，画面具有一定形式感，完成度高。

▲ **作 品 名：**《一隅》 2019年首届“鲁本斯杯”全国大学生园林美术大奖赛速写类二等奖
作　　者：章逸祺（北京林业大学园林学院）
教师点评：自然中的景观往往是有序与无序的结合。写生是画者在强化艺术感受的同时，对景物提炼取舍并锤炼画面结构与造型的过程。这幅作品貌似芜杂实则有序，透出浓郁的生活气息，体现出画者控制画面的能力。

▲ 作　　者：蔡凌豪（北京林业大学）

教师点评：

优点：近似白描笔触简略流畅，绘画性强，很有趣味性，物体形态明确，落款巧妙。

缺点：右上方房屋有些喧宾夺主，中间主体刻画有些薄弱，由于作者的绘画特点有些变形夸张，所以要注意房屋的透视。

4.3 创 作

▶ **作 品 名**：《黑与白》
作　　者：夏冰（北京林业大学）
教师点评：

优点：构图采用以对角线为主干的形式，处理得当。在艺术手法上运用了三种形式：主树干白描，树叶勾线密画，山水建筑用调子，这三种手法结合自然，使画面生动又统一，很成功地表现了主题。

缺点：屋檐的瓦过大。

▲ 作 品 名：《竹篱茅舍自甘心》
作　　者：贾玉芳（北京林业大学）
教师点评：
优点：草图与正稿结合得很成功，画面构图合理，环境优美，物象丰富，植物笔法多样，植物形态与质感表现明确。水的流动感很强，笔法深入细致，很出色地表现了创作心境。
缺点：画面有竹而无篱。

▲ **作 品 名：**《密林深处》
作　　者：邓文静（北京林业大学）
教师点评：

优点：通过画面不难看出，该学生绘画基本功较扎实并热爱绘画，具有自己独特的想法。创作课中曾画有多幅构图，创作认真、踏实。整幅作品清新、雅致，线条明确、舒朗、肯定。通过线条的有序排列，较轻松地体现出画面的前、中、远景，建筑与植物的体现均较好。

缺点：绘画性稍欠缺。

▶
作　　者：胡一昊（北京林业大学）

教师点评：作品表现的是北方冬日园林雪景，画面线条肯定有力，整体效果舒朗清晰。画面有两个突出特点：一是画面构图稳定，在画面边缘的处理上别具匠心，在平稳的基础上不失灵动；二是画面以明暗调子为表现手法，与雪景的表达需求十分贴切。

不足之处是左侧树枝略显生硬。

▼**作　　者：**孙帅（北京林业大学）

教师点评：作品构图具有中国山水画风格，与画面线条及山石、树木的表达方式协调一致，是具有中国绘画语言特点的钢笔画创作。作品用线大胆、肯定，松树的画法有独特之处。

不足之处是整体画面稍显零散，重点不够突出、明确。

▲ **作 品 名：**《流水清音》
作　　者：庞书经（北京林业大学）
教师点评：
优点：植物用线形式多样、种类丰富，山、水、植物的组合成功，环境清新宜人。瀑布分为三组三叠，艺术形式自然，远山与飞鸟用笔虽简，但具有意趣和深远的空间。
缺点：北方建筑与南方建筑之间关系有点勉强。

▲ **作 品 名：**《水边》
作　　者：李倞（北京林业大学）
教师点评：
优点：画面组织认真，线条流畅，驳岸植物处理较好，能够把课堂上学到的知识灵活运用到创作中。
缺点：画面左右线条风格不统一，应把学到的知识更好地理解消化，使其慢慢变成自己的绘画语言。

▲ 作　　者：李源（北京林业大学）

教师点评：构图完整，建筑刻画细致，结构比例得当，线条疏密合理，前景的桃花为画面增添了画意。

▲ 作　　者：胡楠（北京林业大学）

教师点评：构图完整，疏密关系错落有致，黑白大关系明确，细节精致，水面倒影处理具有光感，植物形态生动、笔法肯定、简洁利落。

▲ **作　　者**：刘岚菲（北京林业大学）
教师点评：构思巧妙、大胆，建筑的前后关系明确，线条运用得当。

▲ **作　　者**：夏雯（北京林业大学）
教师点评：构图有较强的场景感，水面曲桥引人入画，内容丰富，表达充分，黑白、疏密关系安排得当，有较好的节奏感，细节处理用心，画法细致。

▲ 作 品 名：《家乡》
　作　　者：麻广睿（北京林业大学）
　教师点评：
　　优点：画面构图完整，线条流畅，疏密有致，笔法熟练，较好地体现了一座山区村庄的宁静、安逸。
　　缺点：石头的线条处理不够硬挺。

▲ 作 品 名：《园林创作》
　作　　者：麦丽转（北京林业大学）
　教师点评：这是一幅园林风景钢笔画创作作品。
　　优点：画面构图完整，以传统中国长卷绘画形式为作品的表达方式，故画面传达给人一种中国传统书卷气息。线条平稳、规范。
　　缺点：石头的处理没有注意大的结构、线条太碎，故缺乏立体感和前后关系。

▲ **作 品 名：**《花架》
作　　者：马楠（北京林业大学）
教师点评：
优点：作者以一个较为独特的视角切入，有自己独特的想法和审美意趣。构图较有特点，线条运用自如，组织合理，繁简关系基本处理得当。
缺点：线与面的结合不够合理，美工笔与针管笔配合不够完美。

▲ **作 品 名：**《山下小镇》
作　　者：郭淑静（北京林业大学）
教师点评：作者用以线为主的描绘方式描绘了内容较复杂的景象，体现出较强的画面控制能力，繁简相托也巧妙交代了画面的纵深感，线条生动有意味，是一幅充满生活气息的作品。

▲ **作 品 名：**《欧洲一瞥》
作　　者：徐昕昕（北京林业大学）
教师点评：构图完整，内容丰富，线条流畅且疏密得当，点景人物表现恰当。

▲ 作 品 名：《小径》　第四届全国高等学校建筑与环境设计专业学生美术作品大奖赛　速写类金奖
作　　者：穆燕宁（北京林业大学园林学院）
教师点评：作品以学校家属院中一处景物为写生对象进行描绘，运用以线为主的画法，较好地运用钢笔速写的创作特点，生动地表现出家属区的生活情趣和味道。画面构图也具有特色，作者大胆地将画面分为上下两部分，横向的花架与纵向道路形成平稳的下半部分，而上半部分则大胆地运用不同风格的线条表现出高大乔木的茂盛挺拔。

▲ **作 品 名：**《山村》　第四届全国高等学校建筑与环境设计专业学生美术作品大奖赛　速写类银奖
作　　者：李一诺（北京林业大学园林学院）
教师点评：作品运用线面结合的手法较好地诠释了一座山下村落的特点，画面构图完整且具特色，明确的远近虚实关系使节奏清晰，张弛有度，特别是远处村庄和远山的单线处理，与前景形成强烈对比，也突出了前景重点表现的内容，画意浓厚。

◀ **作品名称：**《拙政园速写》
作　　者：方凌波（华中农业大学）
教师点评：该作品准确地表现了钢笔写生的空间感觉，画面采取由近至远的构图形式，准确组织了古典园林中建筑、植物与山石等构景要素。绘画中将古典建筑的繁杂进行了整体概括，对植物进行了大胆取舍与特点表达，画面黑白灰关系简洁明快，钢笔点线面语言组织轻松自然。

▲ **作品名称：**《建筑环境写生》
作　　者：包维红（华中农业大学）
教师点评：作品充分利用了写生对象的远、中、近的空间层次，构图上恰当地将主体建筑与环境进行了位置上的水平展开与纵向聚焦，建筑物体的几何透视与植物排列种植的隐含透视准确。画法大胆，黑白灰虚实衬托合理，尤其在植物的表现上钢笔线条疏密变化较多，充分利用了钢笔画线条语言的多样性特色表达了不同物体的处理方法与绘画深度。

▲ **作 品 名：**《苏州留园冠云峰》
作　　者：梁馥梓艺（华中农业大学）
教师点评：该作品将古典园林要素的微妙空间变化进行了平面化的处理，独特的多景要素并列的构图形式，准确表达了古典园林中不同景象的立面语汇特征。绘画中注意各种古典园林景素的概括，黑白灰形式语言简洁，线条语言纵横交错，密集的斜线概括得轻松自然，突出了钢笔快速绘画特点。

▲ **作 品 名：**《徐家汇公园》
作　　者：芦丛琳（华中农业大学）
教师点评：该作品采用"S"形构图方式，将城市园林的简洁空间特征进行了有效的组织，在不同空间的物体特征上进行了示意性的刻画与表达。绘画中注意各种景观要素的空间传递转换，黑白灰线条语言在栏杆、平台、结构体与建筑物上由前至后逐一刻画，线条纵横交错、疏密得当。植物采用留白与特征概括的方法表现得轻松自然，衬托了实际物体的空间变化。

▲ **作 品 名：**《公园一角》
作　　者：郭雨晴（华中农业大学）
教师点评：该作品通过移动视觉，将假山、植物、桥梁、亭子景象逐次展开，画面中内容刻画注意物体姿态变化，尤其是不同植物种类的变化，在钢笔绘画语言上变化明确，长卷构图符合园林空间步移景异的特征。

▲ **作 品 名：**《黄鹤楼下》
作　　者：杨刚（华中农业大学）
教师点评：该作品视野开阔，场景内容丰富，鸟瞰的多透视点视角方法有效地概括了城市中繁杂的场景，画面上景观要素特征清晰，建筑、植物的画法组织错落有致，在大场景的大开大合关系中尤其注重了左右水平画面处理与透视规律移动的特点。利用钢笔线条有效地分割了景象层次，注意了远处的形体概括与中景建筑内容细节的表现对比，线条疏密与留白生动合理。

▶ **作 品 名：**《宏村小景》
作　　者：童俊（华中农业大学）
教师点评：作品利用一点透视的构图方法，表现了民居建筑巷道空间的微妙变化，画面通过拱门的空间分割，将门内外景观要素进行了特征的概括与表现，将复杂变化的建筑墙面进行了留白的处理，抓住建筑肌理特点进行了有效的概括与组织。地面上注重材料的水平分割概括，突出了空间的深度，植物详略得当，整体画面线条轻松自如。

▲ **作 品 名：**《宏村南湖》
作　　者：张浴涵（华中农业大学）
教师点评：该作品通过生动有趣的水面特征概括处理，将荷花、桥梁、树丛、远山等风景要素融汇在一起，画面中内容变化丰富，主次分明。作者观察细致，有效地利用钢笔绘画细腻的语言，将植物细节、倒影特征、建造肌理等变化概括得恰如其分。

▲ **作 品 名：**《西递组画八》
作　　者：刘飞（青岛农业大学）
教师点评：此为该生组画中的一幅，建筑结构看起来似乎不准，但整个画面结构结实且充满江南民居的韵味。

◀ **作 品 名：**《西递宏村组画一角》
作　　者：王忠礼（青岛农业大学）
教师点评：准确的透视关系与线条的疏密组合使画面空间感格外强烈，较好地表达了特定景物的情境。

▲ **作 品 名：**《宏村一角》
作　　者：佚名（青岛农业大学）
教师点评：画得富于生活气息，但中景墙面与柴堆的关系没表现出来，使画面略显单薄，空间也受到影响。

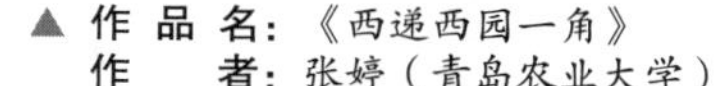

▲ **作 品 名：**《西递西园一角》
作　　者：张婷（青岛农业大学）
教师点评：该作品运用满构图的方法，利用线条疏密组织等手法，把前后空间交待得清清楚楚，颇有江南民居的情趣，基本达到了风景写生的要求。

作 品 名：《老树与古屋》
作　　者：崔子敬（中南林业科技大学）
教师点评：一般风景写生取景大多为平视和仰视，这张速写作品采用俯视取景，透视感非常强烈，场景很复杂，表现的空间十分到位。运笔刚劲有力，细节描绘一丝不苟，显示了作者对建筑和植物的高度理解和概括能力。

作 品 名：《农家小景》
作　　者：刘书平（中南林业科技大学）
教师点评：在这张速写作品中，作者选取高视点的角度表现以木棚为主体的景致，近、中、远景空间层次明确，中景的木棚和枯树塑造生动，地面的杂物把近景与中景有机地联系起来。画中细节零而不乱，轻松自如地表现了农家浓厚的生活气息。

作　　者：佚名（河北农业大学）
教师点评：这是让学生在限定的三分钟内临摹的一幅钢笔速写。

作　　者：佚名（河北农业大学）
教师点评：这幅作品是限定给学生十分钟的时间练习抓大感觉。

▲ **作 品 名：**《街道》
作　　者：甘娟（四川农业大学）
教师点评：这张写生作品主要以线条语言构成，线条本身没有太多快慢节奏变化，画面处理的重点放在整体疏密的节奏上，包括在取景构图时选择一点透视空间，对于平面和立面的处理，都有增强画面的疏密对比的效果。但远景的处理上用力稍多，若能简化一些线条，空间感会更好。

▲ **作 品 名：**《小巷》
作　　者：陈芮（四川农业大学）
教师点评：这张作品中的疏密关系处理非常好，作者在画的时候很清楚什么地方需要加重，用线和面的形式构成画面，加强了空间中的节奏感。不足之处是建筑物某些细节处的透视线条不是很准确。

▲ **作 品 名：**《休闲小广场》
作　　者：何白婷（四川农业大学）
教师点评：这幅写生作品比较有个人特色，在面对实景写生时会有意识地在画面中重新组织，对于细节有比较细致的观察力，而且能够准确地用线条语言进行表现，画面整体的疏密关系也把控到位。

◀ **作 品 名：**《古镇写生》
作　　者：肖雅伦（四川农业大学）
教师点评：该同学对于线条的运用比较熟练，空间透视准确，因此画面整体流畅，有一气呵成感，唯一遗憾的是画面中没有视线停留点，整体处理显得比较平均，如果能在某些细节和疏密上再注意一些，会是一副很好的作品。不过作为大二学生的写生作业已经难能可贵。

第5章

教师作品选

本教材选取了任课教师的钢笔画作品。

这些作品包括了三种基本艺术形式：线条白描、明暗调子以及线条与调子的结合。在内容上包括了中国传统园林、自然风景、中外民居、现代景物以及花卉植物等。

从艺术风格上讲，教师的作品迥然不同，各有其独特的艺术语言与技法手段。

从艺术技巧上来看，这些作品表现出作者多年修炼而造就的扎实功底和较好的艺术造诣。作品线条流畅，轻松自然，画面精致，物象准确生动，概括力强并且很深入，达到了较好的熟练程度与相对自如的境地，是学生学习钢笔画的很好参考范画。

▲ 作品名：《龙王岛即景》（颐和园）（写生）
作　者：宫晓滨（北京林业大学）
对古建筑在外观上的基本结构，应尽量如实刻画，“画结构”本身，会使画面物象形成长短、横竖、疏密、繁简、大小等在艺术形式上的结合关系，其美感是很强的。彩绘部分要小心处理成灰亮调子，形成黑与白的中间过渡。

▲ **作品名**：《残韵——败荷》（颐和园）（写生）
作　者：宫晓滨(北京林业大学)

这组残荷的刻画，表达了某种感怀的情调，在笔法和线条使用上注意植物姿态上升与下垂的组合交错。水的刻画要表现一丝凉意，因而笔触不可太热闹，只在中间部位适度刻画，其余部分留白，要使画面效果显得清淡一些，以期达到一种“枯”的意境。

▲ **作品名**：《静谧——一组南方植物的改画》（照片改绘）
作　者：宫晓滨(北京林业大学)

这张画表现南方植物大叶与小叶的对比，以明确、流畅的线条为主，在勾画叶脉时要注意向心辐射的排列美感。在不同植物的种类区别上，应抓住基本外轮廓与生动的姿态。

▲ **作品名：**《快雪时晴石》（北海）（写生）
作　者：宫晓滨（北京林业大学）
此画强调湖石的奇巧怪异，要有一定的夸张以表现石品的动势，同时应抓住主要的孔洞和纹理。石与树的结合更应着重刻画它们不同的姿态，在线条笔法上更应有所区别。

▲ **作品名：**《延南薰——南洋瓶花》（照片改绘）
作　者：宫晓滨（北京林业大学）
在描绘瓶花时，应注意花、叶组合的松紧疏密，更应注意刻画不同花种、花叶的不同姿态。可以有适度夸张，线条要生动活泼，给人以一种轻松、愉快的感受。

▲ 作品名：《土、木交融——鼓浪屿一景》（厦门）（照片改绘）
作　者：宫晓滨（北京林业大学）
这张画抓住了南方古树和茂密植物的基本形象特点与浓郁的特点，以及树木与石品渐渐融合的沧桑感。外形多变的八角亭则在线条运用上注意简洁，强调亭与植物在调子上的对比。

▲ 作品名：《残粒园栝苍亭》（苏州）（照片改绘）
作　者：宫晓滨（北京林业大学）
在这张画上强调了建筑仰视的透视感，湖石假山简画而留白。山中石室窗洞的暗调子则与建筑中的暗调子相呼应，植物用短而密的线条交叉排列组成灰调子。

▲ **作品名：**《宁静》
作　者：高文漪(北京林业大学)
中国古典园林内容丰富、结构完美，当我们沉醉于大的园林景观时，不知你是否注意到很多小景观、小情趣更适合钢笔画这一表现形式。

▲ **作品名：**《月亮门》
作　者：高文漪(北京林业大学)
这是一幅北京植物园写生。院落的名字已模糊，石绿色的圆门一下子吸引了我，它是那样安静、可人，不争奇，不斗艳，却不可缺少，少其则不成景。

▲ **作品名：**《听瀑》
作　者：高文漪(北京林业大学)
画面中水、石与植物各自都有各自不同的用线特征，这些线条在描绘景物形象的同时也完成了对景物质感的刻画。

▲ **作品名：**《远古》

作　者：高文漪(北京林业大学)

作品中古老的印度石雕与周围植物相拥而居，那样和谐完美。它们已成为一体，共同讲述着远古的故事。画面线条委婉、细腻，石雕形象生动、深邃。

▲ **作品名：**《汀步》

作　者：高文漪（北京林业大学）

景物丰富但有些凌乱，水是深色的。在处理时要根据画者对画面的理解和想法，确定写生手法。这幅作品选择以线为主，就是抓住景物清丽的一面予以表现，线条轻松自如，使其显现小品状态。

▲ **作品名：**《深绿》
作　者：高文漪（北京林业大学）
庭园一角，以线条为主，适当加入一些调子，以突出院落的前后关系，院中植物丰富、布局雅致。落笔前要思考周全，完成时才能错落有致。

▲ **作品名：**《早春二月》
作　者：高文漪（北京林业大学）
徽居特有的高墙、深院，百年来给人无数遐想，春日盛开的桃花确在墙外静静地开放着……

▲ **作品名：**《曲径》

作　者：高文漪（北京林业大学）

这是一幅庭院写生。小小的栅栏门被茂盛的植物半掩着，画面轻松、舒朗，笔触自如、放松，整个画面给人一种悠然之感。

▲ 作品名：《廊枕清波 桂香沁人》
作　者：姜喆（北京林业大学）
为了更好地体现中国古典园林的美感，在画这类钢笔画时我多以中国传统的白描法为主。在尽量保持画中景物的平面性的同时，植物的描绘略强调线的疏密变化和笔法变化，以体现植物的多种类和多姿态。

▲ 作品名：《日本奈良法隆寺鸟瞰》
作　者：姜喆（北京林业大学）
鸟瞰图在园林景观钢笔画中很重要，由于画面覆盖面积相对广，景观丰富多样，难度较大。画鸟瞰图的钢笔画重点在于画准透视和景物的比例关系，同时注意要运用黑白灰的色调变化表现出景物的空间层次和相互关系。

▲ **作品名：**《现代仿古庭院》
作　者：姜喆（北京林业大学）
以线描式手法表现仿古景观小品，突出树石的形态，通过线的疏密暗示体积感，弱化现代建筑形态，仅以简洁的线条勾勒轮廓，提示空间场域。

▲ **作品名：**《现代园林景观》
作　者：姜喆（北京林业大学）
现代建筑多为简洁的几何形态，以轮廓表现为主，尤其要注意透视比例的准确，植物以较密集的线描表现，形成灰黑色调，映衬出建筑的浅色调。

▲ **作品名：**《玉兰花开》
作　者：徐桂香
这幅作品表现了盛开的玉兰花树形，既注意树形整体的结构又兼顾玉兰花的造型特征，繁花与简洁的长椅形成疏密对比。

▲ **作品名：**《古榕》
作　者：徐桂香（北京林业大学）
纯用白描手法。榕树主干线条粗疏，小枝叶细密，结构上前后掩映，表现了榕树盘根错节、藤枝缠绕的特点。

▲ **作品名**：《兰叶春葳蕤》
　作　者：徐桂香（北京林业大学）
　　兰叶俯仰，交错重叠，悠长有韵。此图长短线交错使用，将兰丛处理得繁而不乱，突显兰丛的郁郁生机。

▲ **作品名**：《无题》
　作　者：徐桂香（北京林业大学）
　　0.3mm与0.5mm针管笔交错使用。0.5mm笔画山石、树木大的结构动态，0.3mm笔深入刻画细节。

◀ **作品名：**《查济芭蕉》
作　者：赵家（北京林业大学）

查济写生芭蕉，这种植物的显著特点是叶子较大，在起线稿的时候，要注意画芭蕉叶时的起笔和收笔，更要注意安排它在画面里的虚实关系，画芭蕉叶边缘轮廓时要注意裂开轮廓的疏密安排以及芭蕉树的整体走向。

▼ **作品名：**《古典园林一角》
作　者：赵家（北京林业大学）

这幅古典园林画中，最显著的不是古建筑，而是石头群落和画面中的树，虽然古建筑不作为重点刻画，甚至用大面积留白来衬托树石，但所有建筑的轮廓线都要准确，这样坚硬严谨的建筑质感才能表现出来。石头是一大难点，容易琐碎缺乏整体感，所以要抓住整体感觉，概括简略细碎的关系，画出大的趋势和黑白灰关系，有些轮廓要有力肯定，黑白分明。

▲ **作品名：**《湖心亭》（苏州西园）（写生）
作　者：高飞（东北林业大学）

苏州西园中的湖心亭，是一座别致的六角亭。这幅作品用大部分时间去着力刻画园林主景湖心亭，画得比较慢，也比较耐心，而对远景中的树和水面倒影做简化处理，这样去强调大画面的繁简关系，在不破坏整体的情况下，尽可能做到有情、有景、有致。

▲ **作品名：**《廊桥》（广西余荫园）（写生）
作　者：高飞（东北林业大学）

这是一张没有画完的作品。我从左边廊桥的屋顶画起，起初画得很细，想尽量表现建筑的细节和特点。用炭素笔刻画出大的透视关系和部分画面后，由于时间关系，来不及细部刻画，索性换用美工钢笔，大胆落笔，抓重点，快速进行大的关系的处理。虽然没有画完，画面主体已构建出来，剩余部分留给观者一定的想象空间，反而效果比预想的要好。

▲ **作品名：**《待春》（太阳岛）（写生）
作　者：高飞（东北林业大学）
这是一幅表现冬季树木形态的作品。构图抓住树干中部特点显著的部分，用肯定明确的线条将树干树枝的结构和光影变化进行深入的刻画，线条流畅，用笔短促有力。

▼ **作品名：**《山村即景》（皖南）（写生）
作　者：高飞（东北林业大学）
这幅作品用不同方向的线条表现复杂的空间层次。远景做大胆取舍，中、近景刻画细致，抓住大的透视使画面的空间秩序富有节奏与韵律。

▲ **作品名：**《池杉之五》（武汉南湖）（写生）
作　者：秦仁强（华中农业大学）
画面中景色的层次变化是构图的核心，对景物远近的不同细节刻画是为了突出风景画的气氛与趣味对比，针管笔的选择是对针叶植物的线条认识。

▲ **作品名：**《洗沙架子》（安徽宏村）
作　者：秦仁强（华中农业大学）
朴素的环境，是从混乱的植物环境中对比出来的简单。前景水面的处理是为了加强景深的感觉，画面的趣味中心在远景处。

▲ **作品名：**《树丛》（庐山）（写生）
作　者：秦仁强（华中农业大学）
此画是一幅步骤示范作品，主要为讲解线条与调子的结合方法，以及对复杂植物形态的概括过程。树木注重姿态与动势，调子上注意质感的理解等。

▲ **作品名：**《山涧》（宏村）（写生）
作　者：周欣（华中农业大学）
繁杂的植物群落，需要对植物层次进行大胆的黑白灰度概括，加强局部特征与整体关系是关键。

▲ 作品名：《旧宅》（黟县）（写生）
作　者：秦仁强（华中农业大学）
左右不对称的构图变化，画面趣味的边界分割，是对复杂场景的概括理解。

▼ 作品名：《汤湖畔》（武汉）
作　者：秦仁强（华中农业大学）
利用舒展的线条，加强对生态环境中存在的变化的理解。注意线条在方、圆变化上的处理与夸张。

▲ **作品名：**《初冬》（皖南）（写生）
作　者：左红（华中农业大学）
这张画运用了不同的线条形式：草垛用线迅速而率性，篱笆用线肯定而顿挫。草垛上留白既符合画面的虚实关系又表现了残雪的特征；小鸟与飘舞的枯藤相呼应，静中有动，增添了画面的情趣。

▲ **作品名：**《山村秋韵》（皖南）（写生）
作　者：左红（华中农业大学）
这张画重点在中景的细节刻画，远景的简略处理是为了与中景对比，前景用少量笔墨增添了画面的空间感。面对繁复的对象要大胆取舍，既要讲究细节的丰富、生动，更要注意画面的整体布局。

▲ 作品名：《江边小景》（皖南）（写生）
作　者：左红（华中农业大学）

这幅速写通过线条的长短、疏密及画面虚实、详略关系的对比，突出了主体。如水草用线简练，只写其外形；渔船用线繁密，细节丰富，紧中有松。在解决画面基本问题的同时，应注意线条的表现力。

▲ 作品名：《三峡纪游之四》（三峡）（创作）
作　者：郭润华（青岛农业大学）

山势的绵延起伏具有强烈的节奏韵律之美。该幅写生在形似的基础上挖掘背后的形式之美，把山的本质甚至作者“游”的感觉都表现了出来。

▲ 作品名：《黄山一景》（黄山）（写生）
作　者：郭润华（青岛农业大学）
此幅作品侧重对山体“势”与“结构”的表现，前后空间、造型关系交代准确，中国绘画的观察方法与钢笔画的用线恰到好处地结合在一起，别有意趣。

▶
作品名：《上道坪小景》（峨庄）（写生）
作　者：宋磊（青岛农业大学）
山区石头墙与茂密的小树林用短促的钢笔线条来表现较为妥贴，线条松散但画面结构不能散，要浑然一体。

▲ **作品名：**《鸟语幽林》（峨庄写生之十）
作　者：宋磊（青岛农业大学）
利用线条的疏密关系以及线条自身的表现力，恰当地表现小山村幽静的空间情调，使人有可居可游的感觉。

▲ **作品名：**《村头》（峨庄写生之十四）
作　者：宋磊（青岛农业大学）
线条的处理一定要注意大的黑白布局，该深入刻画的地方要到位，次要的地方可一笔不着。古人云“密不透风，疏可跑马”，即为此意。

▲ **作品名：**《峨庄的回忆之一》（峨庄）（写生）
作　者：刘宁（青岛农业大学）
利用线条的组合体现结构体积，空间可令人产生身临其境的感觉。

▲ **作品名：**《山村侧景》（峨庄）（写生）
作　者：刘宁（青岛农业大学）
此构图富有创意，以中景为主，远景以繁密托之，前景地面一笔不画，黑白分明，空间关系明确。

▲ **作品名：**《西海风光》（张家界）
作　者：陈叶（南京农业大学）
对写实性较强的作品，用西笔排线可以得到比较丰富的明暗层次。近处强烈的短笔触明暗块面与长排线远景大体统一的灰调使画面景物拉开了距离，排线疏、密、轻、重，变化和谐，很好体现了峰林苍茫、云海汹涌的壮美景象。

▶ **作品名：**《湘西吊脚楼》
作　者：陈叶（南京农业大学）
吊脚楼依山傍水，朴实无华。本画师楼房以勾线为主，辅以长直线画出木质肌理及大体明暗，体现了吊脚楼的材质特征。前景却是以曲折多变化的线条作为树丛边缘，再施以密集的卷曲线画出暗部，几束明亮的竹叶伸出树丛。整个画面曲直对比、黑白对比，前后呼应，相映成趣。

▲ **作品名：**《沅江小景》（常德）
作　者：陈叶（南京农业大学）
这是沅江边上的人工景点，巨大的山石自然成趣。本图以短排线为主，重点刻画山石的形态及石料的肌理特征及其体积感、重量感。树木草丛以轻松的卷曲线表现，相比之下，更显示了山石的分量。

▲ **作品名：**《太湖石小景》（苏州）
作　者：陈叶（南京农业大学）
奇石可以作为一个园林景点的重要标志，画中巨石玲珑奇巧。作者用短排线很好地处理了它的明暗关系，通过深入的调子刻画，充分体现了太湖石瘦、透、漏的特征。通过前后虚实的对比，画面重点自然落到这块奇石上面。

▲ **作品名：**《桥枕渠岸金碧浅》
作　者：张纵（南京农业大学）

该画是改绘园林设计的某一场景，这类图稿往往须用电脑3D建模后进行处理，强调空间的景域透视，整形绿篱通过暗部的排线呈条块状，绿篱的平面上方向变化也较复杂。大乔木冠幅内的缝隙必须考虑枝条的穿插，弯曲的波线改变了硬质驳岸直线型水渠僵直的属性。

▲ **作品名：**《浓荫匝地花扶疏》
作　者：张纵（南京农业大学）

画中描绘了位于城市郊野地带的一座公园，两株隔岸对植的巨柯撑出一片浓荫，以轻快的笔触勾画出近处蓬松而葳蕤开放的地被花卉，线条断续，主要是从后期的彩铅、马克笔着色考虑而留有余地，这是为设计效果图而准备的画稿。

◀ **作品名：**《巷陌深处》

作　者：张纵（南京农业大学）

这是一幅黟县南屏村典型徽派民居的速写，画面突出村民聚落高墙窄巷、马头青瓦的地域特征，高昂着装饰性极强的门额依墙而起挑，檐线与檐口循封火墙的起落而升降，因视点低则有意画出头重脚轻的效果，加之弯曲夸张的墙线与门线，具强烈的透视感。

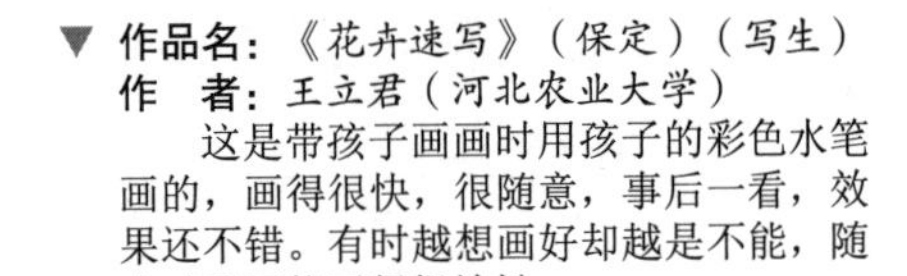

▼ **作品名：**《花卉速写》（保定）（写生）

作　者：王立君（河北农业大学）

这是带孩子画画时用孩子的彩色水笔画的，画得很快，很随意，事后一看，效果还不错。有时越想画好却越是不能，随意时反而能画得很放松。

◀ **作品名：**《菱镁矿即景》（邢台大河）（写生）
作　者：王立君（河北农业大学）

此画远景用针管笔完成，中近景用美工笔重点描绘，使画面主次分明，形成了较清晰的层次。

▼ **作品名：**《白云山远眺》（邢台大河）（写生）
作　者：王立君（河北农业大学）

此画是用一次性炭素笔所画，工具不是很好。采用中国画的白描手法，画得较干净洗练。为突出主体，形成空间感，在一些树丛处点了些点，效果还可以。

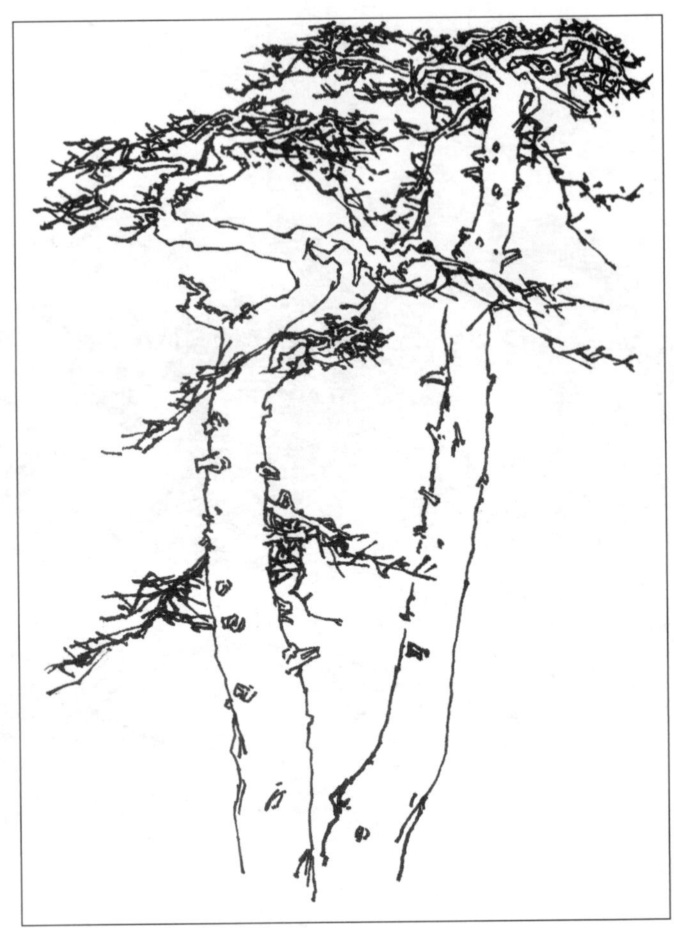

▲ 作品名：《树干速写》（清西陵）（写生）
作　者：王立君（河北农业大学）
这些都是带学生在清西陵写生时抽空画的，有意识地略去了叶子，重点放在树干的姿态上，针对性的练习对了解树的结构和姿态有一定的作用。

▲ **作品名：**《拙政园小景》

作　者：许平（仲恺农业技术学院*）

树木的特点与层次关系是该图表现的关键，先把树木花木特点特征把握准确，空间与层次也即形成。亭子下面草坡的适当留空、虚化与亭子后面短线条的加密在整体的空间关系上非常重要。

*2008年3月改为现名仲恺农业工程学院。

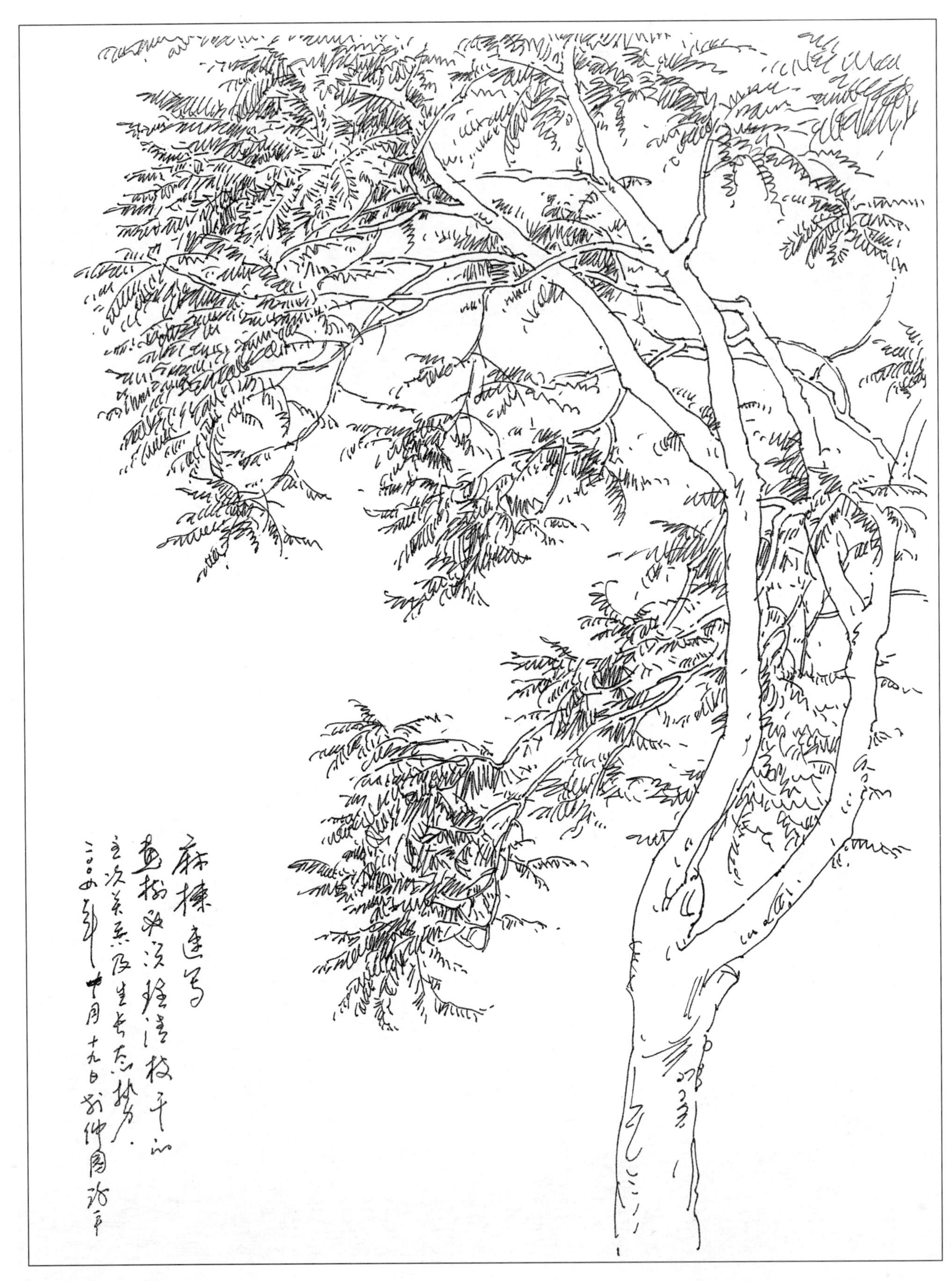

▲ 作品名：《麻楝写生》

作　者：许平（仲恺农业技术学院）

树木的表现是园林专业学生的绘画基本功，树木枝条的表现是树木表现的关键，也是该图表现的重点。自然界的东西是最生动的，树木枝干优美的穿插关系与节奏感必须认真准确地把握，架构形成了，叶子的表现相对容易。

▲ **作品名：**《月到风来亭》

作　者：许平（仲恺农业技术学院）

园林的美就是空间与节奏，石、水、植物、亭台楼阁皆为园林美的因素，该图已经基本具备了这些元素。写生时最打动我的就是整体关系的美感，所以一定要对园林的空间与韵味进行整体的把握，轻松表现，控制画面疏密，切忌局部着眼、局部雕琢。

▲ **作品名：**《枫桥与寒山寺》

作　者：许平（仲恺农业技术学院）

该图与《月到风来亭》有相似之处，适合表现大的场面，方能表达当时在现场的激动心情。桥、城楼、寺庙的佛塔是三个主要的节点，其他是环境氛围的烘托表现。前景树木冠部的留空在画面的虚实与疏密关系上起到重要的作用；柳树的表现轻松舒展，体现了写生中线条运用的美；落款以国画的形式写上《枫桥夜泊》的诗句，更突出了整体的意境。

▶ 作品名：《校园一角》
作　者：许平（仲恺农业技术学院）

该幅与《麻楝写生》有相似之处，树木是主要内容且表现树木的手法也是注重枝条关系的梳理，但有别于《麻楝写生》的是画面三棵树木“竖”的方向与绿篱“横”的方向所形成的构图韵律的美；巴士的线条也是横向为主的。所以，速写作为一种素质与基本功的训练，必须善于发现不同场景的特点，触发不同的创作灵感与欲望，才能产生有特点的作品。

▲ 作品名：《拙政园拾趣》
作　者：许平（仲恺农业技术学院）

该图的构图表现比较大胆，前景拾取一角、中景拾取一段，但这都是有意的处理，这“一角”“一段”已经把苏州园林建筑的特点把握住，画面真正要表现的是“空间”与“线条韵律”的美——不同植物用不同的线条符号，画面有大切割的关系与疏密关系。这样，速写作为一种绘画形式进行探索的目的即已达到。

▲ **作品名：**《水乡同里》

作　者：许平（仲恺农业技术学院）

该图表现了一种水乡的特色、动感与生活气息。两岸没有完整地表现，一侧实一侧虚，使构图有主次；桥墩的倒影增强了桥的体积感与画面的空间感；人物、小船、狗虽然在表现上是“轻描淡写”但“简洁生动”，对整体的气氛起到很好的渲染作用。

◀ **作品名：**《无锡小巷》

作　者：黄培杰（江南大学）

这幅画以钢笔为工具，采用结构线描方法。它是一种较为广泛使用的方法，可以快速而准确地概括和记录下画者的感受，无须用很多时间来排列素描调子，也可以根据记忆，日后在这种写实的线描基础上加上颜色。

▲ **作品名：**《丽江古城》
作　者：张乃沃（中南林业科技大学）

一般来说，建筑是较为复杂的表现对象。一副好的建筑画作品融入了作者对建筑群体的空间关系、建筑形体结构等诸多方面的理解。这幅速写作品在构图上讲究，右下角的大面积留白真正体现了“计白当黑”的理念，使画面主次分明、虚实相间。

▶ **作品名：**《岳麓书院一角》
作　者：刘文海（中南林业科技大学）

采用中国画的白描方法描绘了倾斜的树丫与平直的长廊，动与静的叙述，表现了生活中的朴素小景和大自然赋予的节奏、韵律，光秃的枝丫显示着生命的张力。画面中几块密集的短线，除了景物表现的需要，在形式意味上还是点睛之笔。

▲ **作品名：**《宏村德义堂小景》

作　者：张乃沃（中南林业科技大学）

表现园林植物和配景时，不但要高度概括，而且不能空洞无物。作者运用细致而又生动的线条一气呵成，将情、趣、意融合为一体，体现了江南园林的美。

◀ **作品名：**《西递临溪别墅》

作　者：刘文海（中南林业科技大学）

采用聚焦式构图，主体建筑处于画面最中心，运用粗犷而疏密有致的线条表现了西递村古朴、灵动的徽派建筑的特征。画面细节生动而不烦琐，特别是巷路、小桥与石墙的空间感处理十分到位。个性化的绘画语言，有意味的形式，传达的是作者对景物不一般的心灵感受和艺术视角。

▲ 作品名：《南湖秋色》
作　者：肖小英（中南林业科技大学）
同样的景物，不同的人会有不同的感受，作者构思、取舍都是为了烘托某个主题。这幅速写作品中，无论是草、树、木、石，还是水，都体现了一个主题“意境”。

◀ 作品名：《沱江边的吊脚楼》
作　者：孟滨（河南农业大学）
吊脚楼是沱江边苗族居所的特色，选用板材和原木搭建，很有特色，故在绘画中极力去表现板材的结构特征。巧妙地利用繁简搭配，用钢笔进行线的穿插与勾画，有些局部画得很细，有些则故意留下空白。

▲ 作品名：《街景》
作　者：孟滨（河南农业大学）

用线描绘是中国画的传统技法，对于相当复杂的画面可以利用繁简的叠压和搭配、线条的穿插、疏密的引导，来达到对对象丰富的表现和传达，也可运用极细密的刻画和大块的空白，拉大繁简这两个极点的跨度，一些次简和次繁自然形成了中间的灰度，使画面更加丰富。运用钢笔进行勾线，街道上铺面的结构画得很连贯，由于具有民族特色的房屋结构和布局非常复杂，建筑上有一些纹样，有些局部很有品位，故采用勾线的方式，做细致的刻画与勾绘。

▲ 作品名：《建筑速写》
作　者：杨芷轩（南京视觉艺术职业学院）

画建筑速写要有两方面的认知。一是中西方建筑因其文化历史的差异而形成各自不同的建筑风格，材料、工艺等会有所不同；二是在这样一个背景下要总结适当的表现方法。诸如中国传统建筑以木结构建筑为主，西方的传统建筑以砖石结构为主，现代的建筑则是以钢筋混凝土为主。中国传统建筑曲线条更多一些，西文传统建筑曲线条减弱，到了现代则更多地以直线条为主。

▲ 作品名：《建筑速写》
作　者：杨芷轩（南京视觉艺术职业学院）
画风景建筑速写要有透视的意识和认知，理解斜屋顶、飞檐、翘角与画面的关系，以及古建筑屋顶速降曲线的画法。

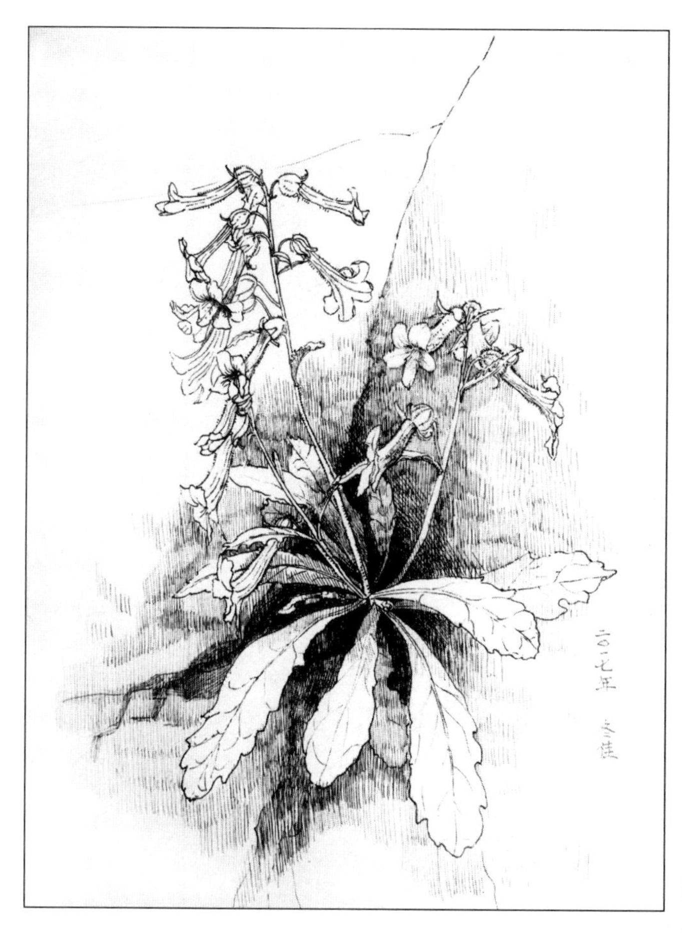

▲ **作品名：**《野生地黄一、二》
作　者：闫冬佳（山西农业大学）

野生植物的生命力是非常顽强的，岩石峭壁上随处可见它们的身影。画作突出植物整体姿态，用肯定连贯的长线条表现轮廓，用细短线表现植物肌理，背景虚化处理。

▶ **作品名：**《虎丘仙人石》
作　者：闫冬佳（山西农业大学）

石阶用轮廓线表示出块面转折变化，细节用短线表示石材肌理，突出材质的硬朗及明暗层次变化。周边植物用较柔和的线条加强与石材刚毅的对比。

▲ **作品名：**《乡路一、二》
作　者：闫冬佳（山西农业大学）
乡村普通的一条小路，有村居、树木、篱笆，有柴火堆，是有村民生活痕迹的道路。表现时着重突出建筑墙角的石墙及堆砌的树枝，注意前后叠加穿插关系，道路及周边配景可着笔简略。

▲ **作品名：**《院墙》

作　者：庞梅（三江学院）

农家院墙，阳光下明暗光影强烈，要特别注意砖块的透视走向。这里受光面的砖墙原本斑驳且固有色较深，在处理时，固有色服从了光源，摒弃了许多细节，以求统一。院墙内，运用不同的笔触、疏密变化的线条表达了郁郁葱葱的植物。墙边沟渠里的野草野花以及远景的墙面丰富了画面的空间层次表达。

▲ **作品名：**《巷子》

作　者：庞梅（三江学院）

皖南普通的巷子：斑驳的墙面、随处堆放的石块和柴草、恣意生长的植物，都体现出浓郁的乡村气息。画面光线感强烈，着重表现了近中景的砖墙、柴草和石块。用不同方向、曲直、疏密的线条排列、穿插、叠加，或流畅或枯涩，表现出了不同物体的质感。与近中景表达不同，越往画面纵深行笔越简练概括，只表达简单的结构和明暗关系，加强了画面空间感。

▲ **作品名：**《小洋楼》
作　者：庞梅（三江学院）

午后的南屏村宁静平和，梧桐树洒下斑驳的光影，用概括的手法画出树冠，表达树形特征。阳光下的小洋楼只用简单的线条表达建筑的结构特征和明暗光影，一条起伏的石板小路向画面纵深延伸。

▲ **作品名：**《植物园一隅》
作　者：庞梅（三江学院）

植物园里草木葱郁，近处受光的树木边缘采用剪影的手法衬托了中远景的层次，画面的纵深感很强。远景用虚化的手法处理树丛、石块，暗且对比减弱。中景通过溪流、石块、倒影、波纹逐层向前推进，表现手法新颖，明暗对比强烈。

▶ **作品名：**《六十年代老房子》
作　者：邹昌锋（江西农业大学）

用全针管中性笔自下而上描绘出树干、树枝和树叶的外轮廓，画树木时需注意留出房子的位置，画房子及旁边堆积物时要注意透视关系。作画时执笔要稳，徐徐画出线条，要做到胸有成竹、意在笔先、笔无妄下。

▶ **作品名：**《公园一角》
作　者：邹昌锋（江西农业大学）

选好写生地点后，依据形式美法则，寻找到合适的构图，确定好视点。用全针管中性笔从画面视觉中心（画面0.618处）开始以简练的线条描绘近景的树木，自下而上，先画树干，次画树枝，最后添加树叶。写生时需树立整体观念，观察形体之间的宾主、聚散、呼应、虚实、藏露等关系并将其表现出来。待树木基本画完之后，再添加灌木、草本植物、道路等作为点缀，最后还可以在视觉中心处刻画少许细节以增添画面的趣味。作画时用笔速度不宜过快。

◀ **作品名：**《园林小景》
作　者：郑维（三江学院）

①推敲画面构图，确定主景亭筑的位置，根据视角拟定透视关系，画出大致轮廓。②确定配景植物区域，画出景物详细轮廓，不同植物选择相应的线型和表现手法，注意地面铺装的景深感。③深入刻画与画面调整，强调景物大体明暗和虚实关系，调整画面中空间层次以及线条疏密。

▼ **作品名：**《园景局部》
作　者：郑潇（三江学院）

①确定整体构图和透视方式，大概绘制出场景内各要素轮廓。②确定配景植物位置，定前后景关系，前景植物通过透视关系可详细勾画。③处理局部细节，通过排线处理明暗关系，最后用简单的线条勾勒远景体现出空间感。

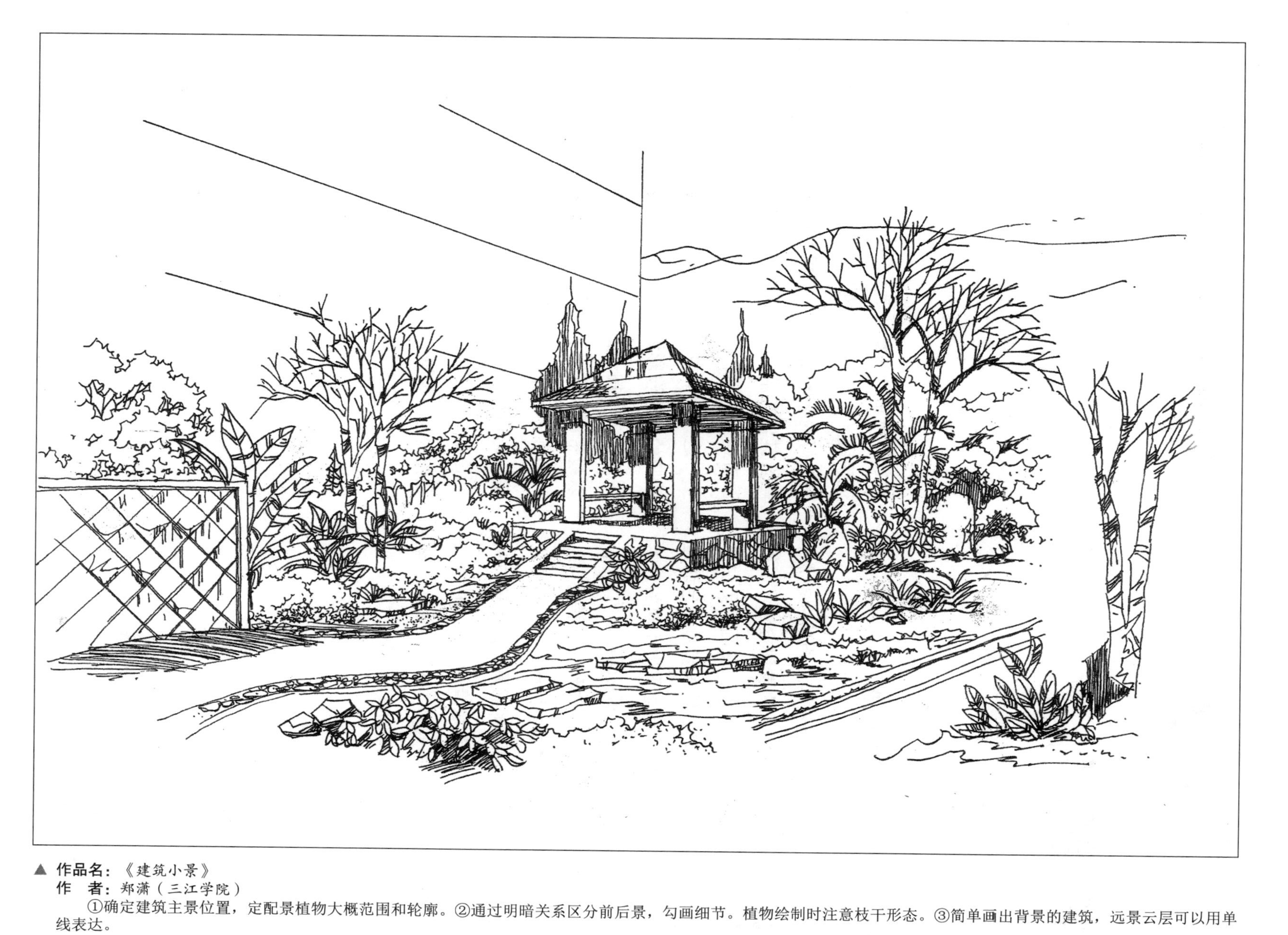

▲ 作品名：《建筑小景》
作　者：郑潇（三江学院）

①确定建筑主景位置，定配景植物大概范围和轮廓。②通过明暗关系区分前后景，勾画细节。植物绘制时注意枝干形态。③简单画出背景的建筑，远景云层可以用单线表达。

钢笔淡彩

6.1 教师钢笔淡彩作品选

钢笔淡彩是一种在钢笔线描基础上再施以水彩、彩铅、马克笔等色彩共同诠释对象的表现方法。在黑白互补的基础上补充浓淡相宜的色调，使画面更加丰富和生动。水彩、彩铅、马克笔在绘画步骤、色调控制、配色技法方面各有特点，也会呈现出不同的艺术效果，或浓淡相宜、或潇洒酣畅。水彩画以水为媒介，水色交融，画面具有生动、轻快、流畅、透明等特点。水彩画传入中国后吸取了中国画的特点，将中国画的用笔和意境处理融会贯通，使水彩画兼具形式美与意蕴美。彩铅画色调柔和细腻，笔触清晰，是一种综合了素描和色彩绘画语言的绘画形式。水溶性彩铅在笔触的基础上以水晕染，其效果与水彩画相似。马克笔的色彩鲜艳，笔触活泼明确，是高效、便捷的手绘表现手段。钢笔用线与色彩表现的结合体现了钢笔画具有良好的艺术兼容性，不仅能在艺术表现形式上吸收、融合其他艺术语言，还能丰富画面的审美趣味，体现画者综合的艺术素养。

这一章节中，补充了北京林业大学园林学院几位教师的钢笔淡彩绘画作品，他们在钢笔画结合色彩表现过程中不拘一格。有的钢笔用线或以单线勾勒、或以线带面、或线面结合，在色彩的运用上或在钢笔用线的基础上结合一种色彩语言，或在一幅画面中将钢笔、彩铅和水彩兼用。虽然画无定法，但他们的作品无论是鸟瞰图表现还是钢笔绘画写生与创作，都具有强烈的艺术感染力。

▲ 作 品 名：《“玉岑精舍”鸟瞰创作》

作　　者：宫晓滨（北京林业大学）

此图表现了山地古园的全园俯视效果，采用了近于3/4的视角，这对较好地表现全园主观赏面起到了重要作用。建筑群落在布局与高低层次上要安排顺畅；山脉地形要讲求动势与前后空间感；山上植物与园中植物要有对比与内外呼应，上淡彩时要一气呵成。

▲ 作 品 名：《青岛市南区老街路口》（钢笔淡彩写生）
作　　者：高汶漪　工具：钢笔+水彩

老街、老房子总会给人一种悠远的历史感，也自然的让人浮想联翩……它比起高楼大厦和看似相近的现代化都市给人更多了一些清净和绵柔；像是在清凉的夏日早晨打开一本文字清丽，插图帅气，流畅又朴素有趣的故事书。让你渴望漫步其中，并打开户门去欣赏和体会它。

钢笔加淡彩是那般契合这个题材和气质，自然而准确的慢慢铺陈在人们眼前。作品色彩明快，线条生动、准确，画面清新、雅气，不做作。

▲ 作 品 名：《烟火气——青岛黄岛路早市》（钢笔淡彩写生）
作　　者：高汶漪　工具：钢笔+水彩

2010年清晨的青岛老城区，静溢又充满着特有的烟火气，让整个城市既美丽又有温度。作者采用钢笔淡彩形式生动快速地捕捉到生活中最鲜活的瞬间，并将其真实地记录下来。

画面生动饱满，钢笔线条肯定，人物形象自然生动，红色屋顶的建筑与伞棚穿插错落，早市所在的坡形老石板路体现出青岛这座城市的历史悠久和依山傍水的地势特点。画面的水彩设色为画面增添了更多生活情趣和无尽的生命力。线条与色彩共同完美地奏响清晨老青岛这首甜美的锅碗瓢盆交响曲。

▲ **作品名称：**《窗外》（铅笔淡彩改绘）
作　　者：徐桂香　**工具：**钢笔+彩色铅笔+水彩
解析：春夏之交，树色黄绿得醉人，绿油油的爬山虎在木屋的墙壁上肆意攀爬，开花的藤蔓植物在窗前倒挂，一抹青山淡远。为了表现环境的清幽，在钢笔线条的基础上结合了彩色铅笔与水彩用色 ，彩色铅笔的笔触疏密有致，便于体现肌理与质地，但色彩关系比较浅淡。作者在彩色铅笔的基础上又以水彩点染，强化了明暗虚实对比，增加了画面的清幽深邃之感。

▲ **作品名称**：《府基山庄清晨》（钢笔淡彩改绘）
作　　者：徐桂香　**工具**：钢笔+彩色铅笔+水彩

府基山庄依山傍水，山庄中古老的徽派建筑错落有致。清晨的阳光斜射在灌木丛和繁复雕花的木质门楣之上，熠熠生辉。作者用轻松写意的钢笔用线结合清新明快的水彩用色，使钢笔墨线和水彩色偶尔碰撞，产生生动活泼又氤氲含蓄的视觉效果。

▲ 作品名称：《一隅》（钢笔彩铅改绘）
作　　者：高超　工具：钢笔+彩色铅笔

此图表现了平常的庭院一角，虽没有复杂的物象，但作者想表现的是植物和石品自然生动的组合以及韵律之美。根据表现内容、主题和审美的表达需要，采取竖构图表现。本幅作品以线条表现为主，不同造型和质感的对象，线条有所区分，通过线条疏密的合理组织和穿插对比反映客观事物的基本形态。彩色铅笔效果较为淡雅，并有一定肌理感，为画面增添了丰富的视觉效果。

▲ **作品名称：**《寄啸山庄》（钢笔彩铅改绘）
作　　者：高超　**工具：**钢笔+彩色铅笔

此图取材于何园蝴蝶厅，物象层次丰富且生动，建筑檐角翘起，植物种类多样，石品高低错落，天空水面留白。整幅作品以线条加调子相结合的方式表现，繁简互相衬托以表现空间层次。彩色铅笔的笔触可以根据需要进行变化，既可以描绘出细腻的光影和微妙的变化，又可以画出精细的线条和粗犷的色块。

▲ **作品名称**：《古村·春深》（钢笔淡彩改绘）
作　　者：韩雨对　**工具**：钢笔+彩色铅笔+水彩

作品表现的是婺源篁岭古村一隅，春深时节，雨后一片清新自然，白墙黛瓦，花朵可爱，芭蕉“阴满中庭，叶叶心心，舒卷有馀情”。作者用流畅的钢笔线条勾勒繁复物象，线条疏密有致，加以调子深入刻画，表现出空间关系与层次。彩色铅笔与水彩的叠加使用，增强了色彩表现力，烘托出绿意盎然，生机满满的画面效果。

▲ **作品名称**：《胡同.半夏》(钢笔淡彩改绘)
作　　者：韩雨对　**工具**：钢笔+水彩

老北京胡同中多有烟火气息浓郁的生活场景，夏日傍晚，灰砖老瓦，木门斑驳，屋檐下的鸟笼，屋旁葡萄攀爬的花架，屋前的老藤椅旧家具和各样点缀其中的绿植，无不入情入画。作者用轻松的钢笔线条细细描绘前景，用调子增强明暗对比，拉伸出空间关系，水彩用色清透，增加较跳跃的笔触，为画面增添了灵动、轻快的氛围感。

6.2 学生钢笔淡彩作品选

钢笔淡彩画以繁简得宜、色彩效果生动深受设计专业师生喜爱。在园林美术教学体系中，钢笔淡彩能够逐步培养学生将素描、水彩、设计技法表现与钢笔画的所学知识融会贯通，以更好地服务于专业设计。因此，钢笔淡彩成为园林、风景园林、城乡规划、建筑类等设计类专业的重点教学内容之一。而钢笔淡彩在技法表现方面较钢笔线描增添了更贴近自然的斑斓色彩。从技法上看，似乎增加了一些内容和难度，实际上在线条骨架确定之后，附着色彩只是融入另一部分所学的绘画知识，而画面将会增加数倍的热情和生动效果。学生可在学习中揣摩实践，熟悉各种绘画材料的属性与技法特点，在画面中将不同绘画技法结合得生动自然。需要注意的是，在钢笔淡彩画中，线条是钢笔淡彩之骨，色彩如钢笔淡彩之肉，只有骨肉匀称才会成就一幅优秀的钢笔淡彩作品。

“育人为本、素质为要”，由于钢笔淡彩结合了多种艺术形式，能够深化学生对各种艺术语言的理解并灵活运用，锻炼学生以繁简自如的方式表现风景物象和表达设计灵感。因此，钢笔淡彩更能充分发挥审美教育功能，使学生在学习过程中受到美的熏陶和感染，循序渐进地引领学生提升艺术修养，步入艺术审美，以便更顺畅地与设计需求相结合。

▲ **作 品 名：**《雪归》　钢笔淡彩创作　**尺寸：**A3　2019年首届“鲁本斯杯”全国大学生园林美术作品大奖赛　速写类二等奖
作　　者：毛月婷（北京林业大学）
指导教师：高文漪
教师点评：画面总体感觉舒朗灵动，色彩与线条的运用相得益彰，较好表现出了雪中街巷的湿冷气氛，特别是对景物细节以及人物的刻画细致、生动，更好地衬托出画面的市井意境。

作 品 名：《梦回平遥》 钢笔淡彩创作 尺寸：A3 第五届全国高等学校建筑与环境设计专业学生美术作品大奖赛 速写类一等奖
作　　者：李姝颖（北京林业大学）
指导教师：高文漪
教师点评：作者以饱满的热情创作了这幅钢笔淡彩作品，创作态度非常认真、技法熟练。画面构图为正面且基本对称形式，这种构图形式容易呆板，但此幅作品恰恰利用这种构图形式表现一座古老院落，屋内有序摆放的商品打开了另一个空间，增强了画面纵深与丰富性，淡彩色调与主题相吻合，为作品更增添一种朴拙和年代感。不足之处是疏密关系还有待调整。

作 品 名：《威尼斯叹息桥》 钢笔淡彩创作 尺寸：A3
作　　者：岳星承（北京林业大学）
指导教师：高文漪
教师点评：这幅作品表现的是水巷中的叹息桥。叹息桥是位于威尼斯总督府侧面的一座巴洛克风格的石桥，是威尼斯著名的桥梁之一。作者用疏密有致的短线条表现老建筑斑驳的肌理和岁月沧桑，在钢笔线的基础上用淡淡的水彩给建筑铺上整体的色调。

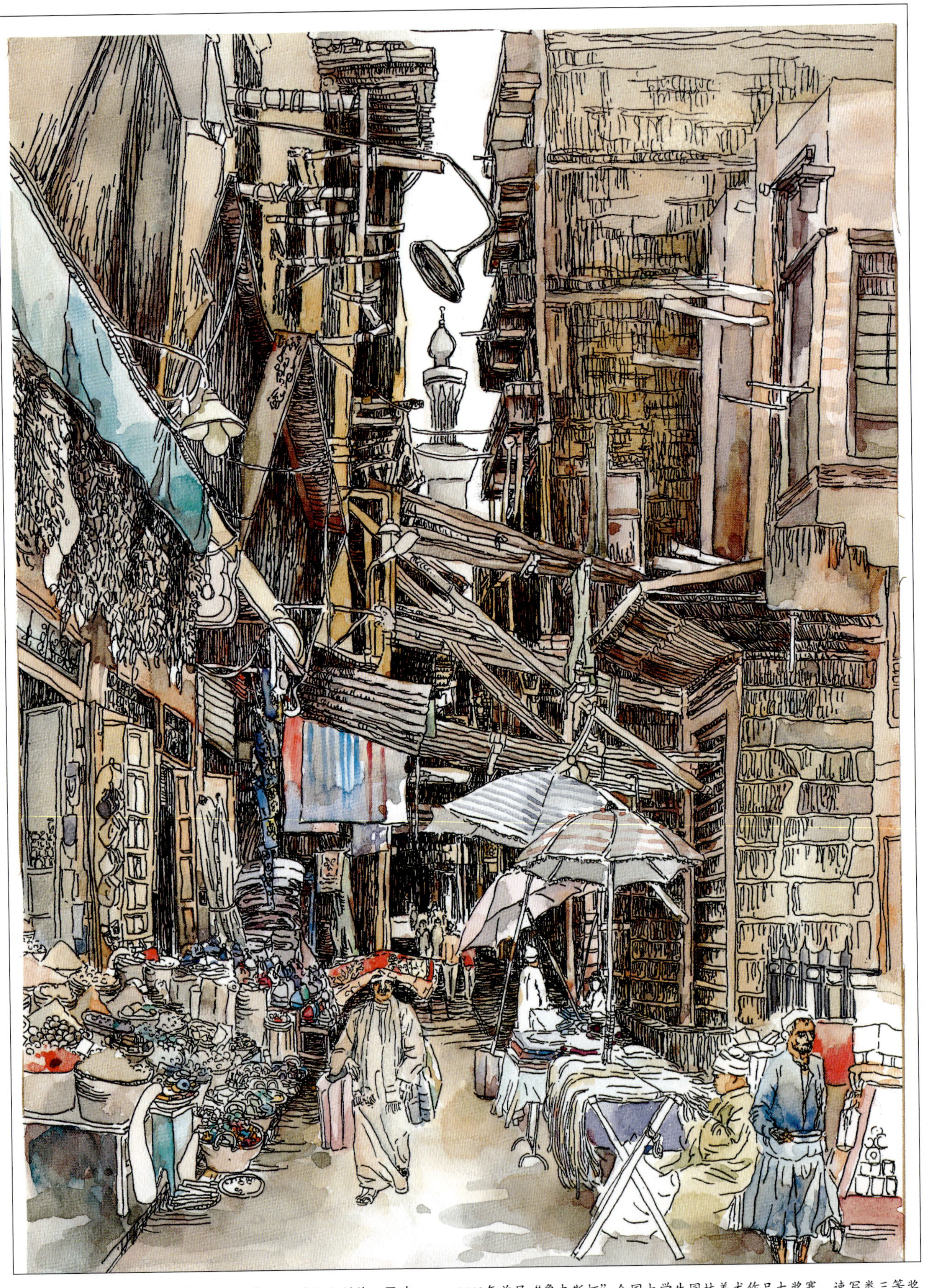

▲ **作 品 名**：《在开罗的集市中穿行》 钢笔淡彩创作 **尺寸**：A3 2019年首届“鲁本斯杯”全国大学生园林美术作品大奖赛 速写类三等奖
作　　者：宋雨轩（北京林业大学）
指导教师：徐桂香
教师点评：这幅作品用笔肯定，线条流畅有力，沉郁的色调中点缀轻薄明快蓝、红、黄色，使画面密集而不迫塞，具有浓郁的异国风情。

作 品 名：《不夜京都》 钢笔淡彩创作 **尺寸：**A3 第五届全国高等学校建筑与环境设计专业学生美术作品大奖赛 手绘表现类一等奖
作　　者：张驰（北京林业大学）
指导教师：殷亮
教师点评：这幅作品比较适合钢笔淡彩创作，在组织画面时构思巧妙，下方建筑中的长直线与上方圆形灯笼在节奏关系上形成强烈对比、取舍有度，画面整体氛围浓厚。

▲**作　　者：**杨依茗（北京林业大学）　钢笔淡彩创作　尺寸：A3
教师点评：作品为钢笔淡彩，场景刻画细致深入，水彩与钢笔线条结合得比较好，很好地表现出市井院落的生活情趣。不足之处是画面处理略显平均，整体感不够好，有些分散。

▲作　者：张娜（北京林业大学）　钢笔淡彩创作　尺寸：A3
指导教师：高文漪
教师点评：这幅作品对灌木以及花卉形态、色彩的描绘较为成功，尤其是红色的小门在大片的绿色中尤为突出。

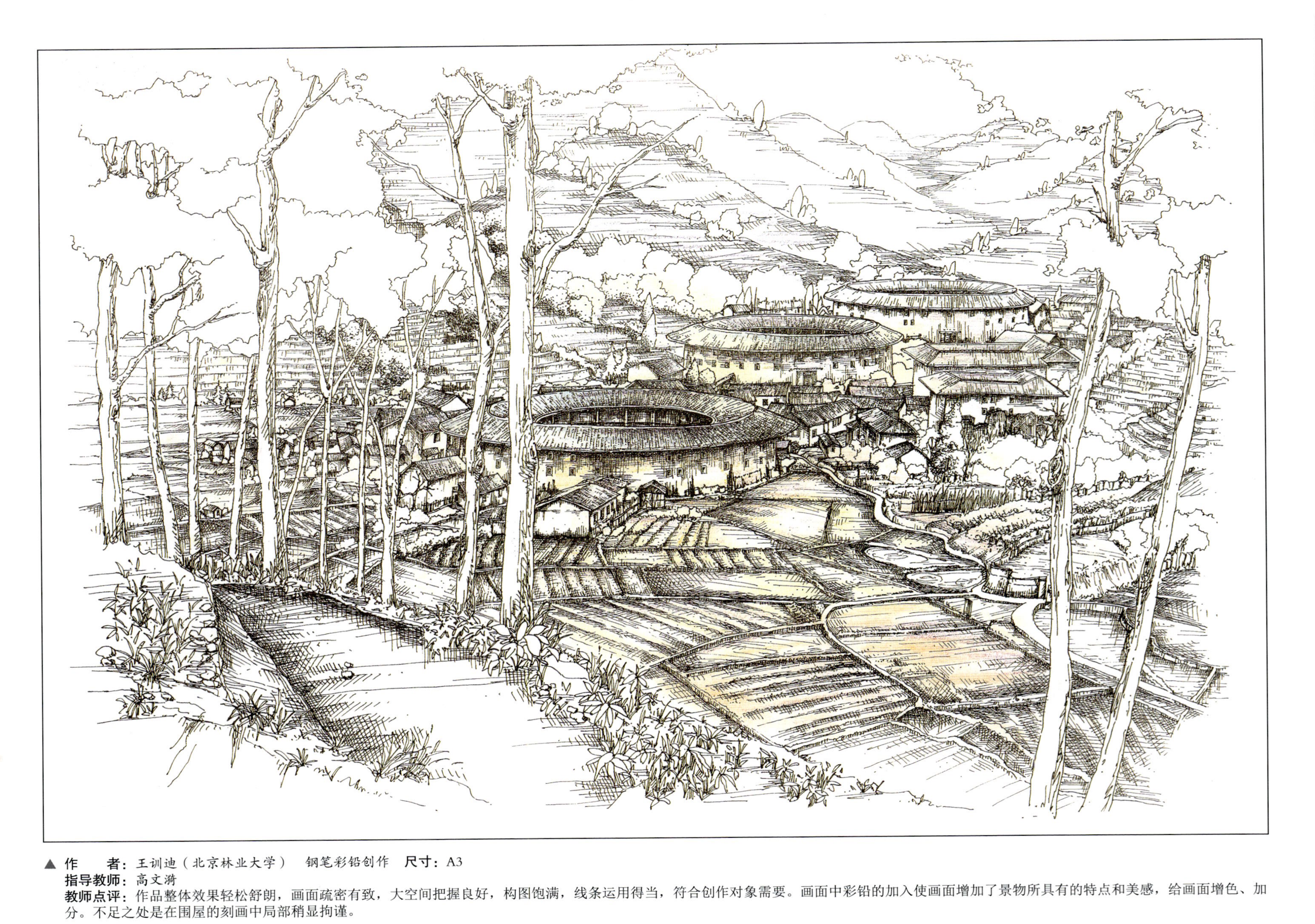

▲ **作　　者：**王训迪（北京林业大学）　钢笔彩铅创作　**尺寸：**A3

指导教师：高文漪

教师点评：作品整体效果轻松舒朗，画面疏密有致，大空间把握良好，构图饱满，线条运用得当，符合创作对象需要。画面中彩铅的加入使画面增加了景物所具有的特点和美感，给画面增色、加分。不足之处是在围屋的刻画中局部稍显拘谨。

▲ **作　　者**：吴子林（北京林业大学）　钢笔淡彩创作　**尺寸**：A3
指导教师：高文漪
教师点评：这幅作品在钢笔画创作的基础上，进行了淡彩再创作。画面整体色彩关系协调、统一，与钢笔线条有机融合，收到相得益彰的画面效果。色彩在钢笔画中的运用是符合钢笔画教学改革要求的有效尝试。

◀ **作 品 名：**《草地与草花》 铜笔淡彩创作 **尺寸：**A3
作　　者：佚名（北京林业大学）
指导教师：徐桂香
教师点评：此画取材于欧洲乡间的小筑风景。建筑的透视线与屋下坡地斜线产生对比，较好地表现出了微地形变化的动势，且小河弯弯，曲线生动。全画由近至远虚实相间，较充分地描绘出了异域风情。不足：近处草花夸张不够，未能充分地说明主题。树木可再高大些，以示风景画面的最佳效果及其历史内涵。

▲ **作 品 名：**《安静的春天》　钢笔淡彩创作
作　　者：潘斯韵（北京林业大学）
指导教师：殷亮
教师点评：这是一张完整、精彩的钢笔淡彩作品。左前方形态各异的花卉植物刻画充分而不失生动，向右侧巷子过渡线条逐渐减少，色彩变淡，巧妙营造了纵深空间。整个画面节奏明朗，氛围感浓郁，线条和颜色的表达松弛且具有趣味性，值得品味。

▲ 作　　者：朱堃（北京林业大学）　钢笔马克　尺寸：A3
指导教师：高文漪
教师点评：这张作品对近景石体、水体以及桥梁的表现较为成功，造型准确生动，笔法严谨细致，水体的空间色彩变化值得学习。中景对建筑和植物的描绘严整有余，略显壅塞。